魏久锋 ◎ 著

中国
圆盾蚧亚科分类研究

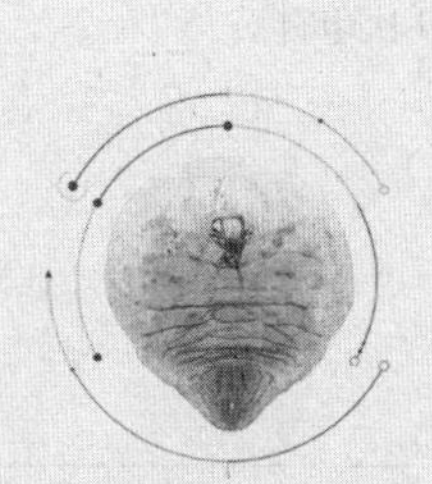

ZHONGGUO
YUANDUNJIE YAKE
FENLEI YANJIU

中国农业出版社
农村读物出版社
北 京

图书在版编目（CIP）数据

中国圆盾蚧亚科分类研究 / 魏久锋著．—北京：中国农业出版社，2023.9

ISBN 978-7-109-30302-7

Ⅰ．①中…　Ⅱ．①魏…　Ⅲ．①蚧总科－分类－研究－中国②盾蚧科－研究－中国　Ⅳ．①Q969.36

中国版本图书馆 CIP 数据核字（2022）第 236608 号

中国农业出版社出版

地址：北京市朝阳区麦子店街 18 号楼

邮编：100125

责任编辑：国　圆

版式设计：杜　然　　责任校对：吴丽婷

印刷：北京通州皇家印刷厂

版次：2023 年 9 月第 1 版

印次：2023 年 9 月北京第 1 次印刷

发行：新华书店北京发行所

开本：880mm×1168mm　1/32

印张：7　　插页：8

字数：200 千字

定价：68.00 元

前言 Foreword

盾蚧科雌成虫是典型的卵胎生，若虫期能够移动，但在24h之内就完全固定（Robert，2008）的一类昆虫。盾蚧科的第一个特点是雌成虫被一个硬的蜡质的壳所覆盖，终生不动，取食植物汁液（Foldi，1990b），它的腿完全缺失，眼及触角退化（Balachowsky，1948）。盾蚧科的第二个特点是科内所有昆虫不能产生蜜露（Banks，1990），所以在它们的栖息地不会伴随烟煤菌的出现；另一方面也不会为在自然生态系统中取食蜜露的生物提供食物，如鸟、壁虎、蜜蜂和蚂蚁等（Henderson，2011）。第三个特点是盾蚧科昆虫的腹部5～8节合并成臀板，在臀板的边缘位置有一些叶状和刷状的附属物，这些附属物在建造介壳的过程中能够将自身分泌的蜡展开（Henderson，2011）。

圆盾蚧亚科（Aspidiotinae）隶属半翅目（Hemiptera）蚧总科（Coccoidea）盾蚧科（Diaspididae）。目前，全世界已知盾蚧科昆虫2 400余种（Miller，2005；Miller，2008；Ben-Dov，2011），圆盾蚧亚科112属780种（Ben-Dov，2011）；中国圆盾蚧亚科已知30属95种，其在分类上主要根据雌成虫的外部形态特征进行划分。

关于圆盾蚧亚科昆虫的研究，西方发达国家起步较早，工作深入充分，目前的研究重点在于亚科下阶元的划分和系统发育分析。我国地处东洋、古北两大动物地理区，地理位置十分重要，但圆盾蚧亚科昆虫的研究起步很晚，区系调查不充分，目前仍然处于α研究阶段，还有大量的基础工作需要进行。

圆盾蚧亚科昆虫分布广泛，除南极洲以外每个洲都有分布，且取食世界上大多数植物（Andersen，2010），而一些种类取食超过100个科的植物（Ben-Dov，2011）。圆盾蚧亚科昆虫在我国的地理分布特异性明显，大多数种类分布于亚热带及热带地区（周尧，1982）。从盾蚧科昆虫的生态特征来说，其雌性成虫在介壳中过完自己的一生，它与植物之间的关系非常密切，这种特点可能会促进植物与昆虫协同进化学科的发展（Morse，2006）。针对我国盾蚧科昆虫的系统学研究及生物多样性研究将会为世界盾蚧科的生物地理学研究，特别是该昆虫的起源、演化提供重要信息，也将为研究其与寄主的协同进化提供资料。

盾蚧科昆虫的分类系统很多，这可能是因为该类昆虫的雄虫、雌虫和共生菌预测后代的多样性使控制性定位和性决定上出现冲突，因此在进化过程中可能会产生不一样的遗传系统多样性（Laura，2005）。所以研究圆盾蚧亚科甚至盾蚧科昆虫的系统发育是一项很艰巨的任务。

自从有机合成农药出现以来，园林生产上害虫的危害得到了有效控制，但是由于圆盾蚧亚科昆虫分泌的蜡质对虫体具有保护作用，一般杀虫剂对它的杀伤力很小，而天敌对蚧虫的作用也不是很大，因此圆盾蚧亚科乃至蚧总科害虫是当前园林生产上的主要问题（杨平澜，1982）。

我国加入世界贸易组织（WTO）后，与各国农产品贸易往来频繁，圆盾蚧亚科昆虫作为一类重要的农林害虫必然会引起人们的极大关注。

本文对圆盾蚧亚科进行了系统研究，旨在前人研究工作的基础上弄清我国圆盾蚧亚科昆虫资源，在现有研究基础上继续对收藏、大量采集及借用的标本进行分类鉴定，记述新的分类单元，考证散失的模式标本，丰富我国圆盾蚧亚科昆虫区系。运用比较形态学和生物地理学等研究方法为探讨各类群之间的亲缘关系及整个半翅目昆虫的形态、分类和系统发育研究提供依据。研究结果将对揭示盾蚧科的地理分布、系统发育和指导害虫防治具有重要意义。

目录 Contents

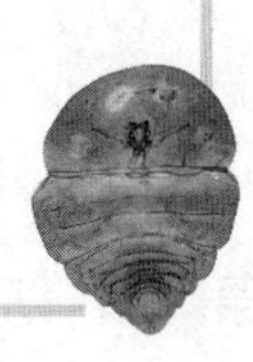

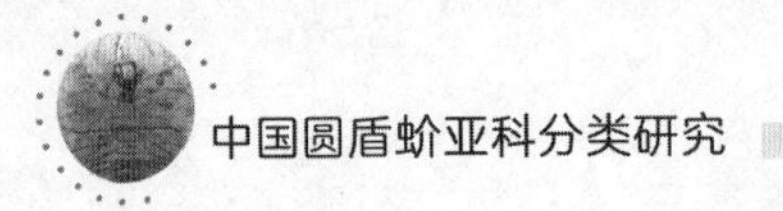

第一章　综　　述

圆盾蚧亚科 Aspidiotinae 隶属于半翅目 Hemiptera 盾蚧科 Diaspididae，也是盾蚧科中最大的一个亚科。圆盾蚧亚科成员间同源性较高，分类学上的意见和学者间的观点也较为一致，因而少有争议。周尧（1964）将其提升为亚科。圆盾蚧亚科主要特征是雌成虫臀板略呈三角形，臀叶正常，通常 3 对，侧臀叶单一，不分瓣，臀栉发达；背腺管细长，无短腺管及斜口腺管。

一、分类研究概况

（一）国外研究概况

圆盾蚧亚科的分类起点与其他动物一样是以 Linnaeus（1758）的《自然系统》（*Systema naturae*）第十版为基础，至今已有约 250 年的历史。在这漫长的年代中，圆盾蚧亚科的研究从最初的外部特征识别，发展成为如今各学科相互有机结合起来进行综合研究的学科。

过去，大多数的介壳虫不被认为是昆虫而是种子或者是一些浆果类。最初给介壳虫定的名称是古希腊单词“Kokkos”，而之后的拉丁语单词“Coccus”意为浆果（Takumasa，2008）。

Linnaeus（1758）的《自然系统》中记载 *Coccus* 一属包括 17 种，其中盾蚧科昆虫 4 种。

在 1758—1868 年这漫长的一百多年时间里，全世界只认识了 29 种盾蚧科昆虫，而对于圆盾蚧亚科昆虫的描述更是少之又少。这些种类均是凭外形轮廓来鉴定，描述过于简单，根本没有用到今天所需的鉴别特征。人们对盾蚧的认识一直模糊不清，甚至不能将其与蚜虫区分开来。

1833年，Burché 建立了 *Aspidiptus* 属，标志圆盾蚧亚科第一次出现在人们的视野中。作为盾蚧科的第一大亚科，圆盾蚧亚科在世界盾蚧研究史上具有举足轻重的研究价值，然而本亚科中的属种关系非常混乱，目前仍没有一个被普遍接受的观点。

1839年，Burmeister 在 *Hand buch der entomologie* 中列出蚧虫6属，其中包括盾蚧科的 *Aspidiotus* 属。

1858年，Amerling 建立了 *Mytilicoccus* 属。

1868年，法国人 Signoret 发表的蚧虫论文和意大利人 Targiomi-Tezzetti 同年发表的论文，使蚧虫的研究达到了一个新的转折点。他们首先依靠蚧虫的显微结构认识种类，并将世界各地发表过的蚧虫种类作了系统总结。Signoret 将蚧虫分为4个组（Section），即 Diaspites、Lecanites、Cocites 和 Brachyselites，其中 Diaspites 组实际上就是现今的盾蚧科（Diaspididae），列出了包括61属，331种蚧虫名录。Targioni-Tezzetti 将蚧虫分为4个族，即 Orthezites、Coccites、Lecanites 和 Diaspites，并列出了蚧虫名录，其中 Diaspites 就是现在所说的盾蚧科。

1881年，美国的 Comstock 开始利用介壳的分泌结构以及臀板的形态进行分类并且按照 Signoret 提出的分类系统列出了盾蚧的属、种检索表。

1886年，Atkinson 建立了 Aspidiotaria，但是一直不为研究者们所重视和接受。

1891年，Ashmead 以 *Aspidiotus* 为模式属建立了 Aspidiotini，得到了当时大多数盾蚧研究者的认同。

1894年，新西兰学者 Maskell 发表的蚧虫论文，首先变更了 Signoret 提出的蚧虫分类系统，将蚧虫分为7个亚科，盾蚧作为其中的一个亚科。同时，Maskell 指出，认识盾蚧不应单凭外部轮廓而应着重于虫体本身的形态特征。

1894—1937年，捷克的昆虫学家Sule发表了一系列蚧虫的研究论文，他除了进行分类研究外，还在组织学方面做了大量研究。他于1895年创制的蚧虫背腹面绘图法一直被沿用至今。

1889—1930年，美国的昆虫学家Cockerell发表了一系列蚧虫研究论文，列出了431篇主要文献的名称。在这些文章中，对圆盾蚧亚科昆虫也做了详细的描述与介绍。

1903年，Fenarld编写的*A catalogue of the Coccidae of the world*一书中将蚧科分成8个亚科，共列入1 514种，盾蚧作为其中的一个亚科列入420种，这是第一部比较全面的蚧虫种类名录，但书中不少错误，尤其是在属模选定的问题上。在此以后，Sanders先后发表了Catalogue of Recently Described Coccidae Ⅰ和Ⅱ，共列入蚧虫28属，6亚属，332种，36变种，其中盾蚧8属，而关于圆盾蚧亚科只有一部分研究。

1921年，MacGillivray出版了专著*The Coccidae*。该书包括了当时几乎所有的蚧虫种类，盾蚧科作为一个重要的类群也做了记述，Aspidiotini作为盾蚧科Diaspididae一个族，同样写入这本对后人影响重大的专著中。本书为后来的蚧虫分类学者提供了重要参考资料，可惜此书的插图部分由于年代久远已遗失，而书中内容全部以检索表形式存在，并没有详细的特征描述，本书共记载圆盾蚧亚科昆虫79属，307种。

自1921年Schrader和1925年Hughes-Schrader开始发表蚧虫的细胞学研究文章之后，1957—1959年Brown发表一系列文章，其在蚧虫的染色体和细胞学方面做了大量的研究工作，对蚧虫分类学上某些问题的澄清很有帮助。

1937—1955年，Ferris连续发表了*Atlas of the scale of North American* 1～7卷。该书描述了北美和其他地区的蚧虫种类，并配有插图和检索表。

1942年，法国昆虫学家Balachowsky通过对雄蚧虫的研究提

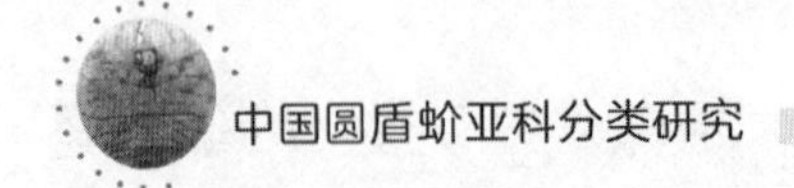

出了新的分类系统，他将蚧虫分为3个类群（phyla），即Margaroidae、Lecanoidae和Diaspidoidae，并将许多亚科提升为科。

1948—1954年，Balachowsky在法国发表*Les Cochenilles Palearctiques de le Tribu des Diaspidini*一书，该书将圆盾蚧亚科昆虫依然作为一个族级单元看待。

1957—2011年，Takagi发表一系列文章，主要记述中国台湾地区和日本的蚧虫。对东洋区和古北区圆盾蚧亚科昆虫种类进行了详细记述，并附有详细的成虫图片以及检索表，同时也归纳了各个种之间形态特征的规律。

1966年，苏联昆虫学家Borchsenius出版了*A Catalogue of the Armouned Scale Insects of the World*，书中将盾蚧总科分为Phoenicoccidae和Diaspididae 2科12族，22亚族，Diaspididae科又分为5个亚科：Xanthophthalminae、Diaspidinae、Leucaspidinae、Odonaspidinae及Aspidiotinae。全书共收录世界已知盾蚧300余属，2 000余种。

1969年，Takagi通过对盾蚧若虫的研究，证明Lepidosaphidini和Diaspidini是两个雌成虫形态相近但第二龄雄虫性分化程度不同的族，因此，Takagi将Balachowsky（1954，1957）分类系统中的亚族提升为族，建立了盾蚧科7族分类系统，即Leucaspiolini、Parlatorini、Rugaspidiotini、Odonaspidini、Aspidiotini、Lepidosaphedini和Diaspidini。同时，Takagi以雌虫臀板形态和有关染色体的研究为依据，提出了盾蚧起源的两个“祖型”：一是“糠蚧型”，另一个是“牡蛎蚧型”，并对其进化关系进行了探讨。

1971年，Boratynski和Davies发表了The taxonomic value of male Coccoidea with an evaluation of some numerical techniques一文，文中讨论了蚧总科雄虫的分类价值，并用数值分类法对盾蚧科雄虫进行了分类，讨论了数值分类的优缺点。

20世纪70年代以来，许多蚧虫工作者如Howell、

Kosztarab、Miller、Hamon 等对初孵若虫进行了研究。

1977 年，Howell 和 Tippins 通过对若虫的研究将盾蚧分为 7 个族：Chionaspidini、Fioriniini、Lepidosaphidini、Diaspidini、Comstockellini、Aspidiotini 和 Odonaspidini。

1979 年，Miller 和 Kosztarab 对蚧虫生殖细胞的细胞分裂和染色体进行了研究。

1982 年，周尧根据雌雄介壳、虫体等特征，将盾蚧科分为 8 个亚科，即 Odonaspidinae、Fioriniinae、Diaspinae、Lepidosapina、Parlatoriinae、Leucaspinae、Aspidiotinae 和 Chionaspinae。

2003 年，以色列昆虫学家 Ben-Dov 出版的专著 *A Systematic Catalogue of the Diaspididae of the World* 记录世界圆盾蚧亚科共 112 属，810 种，其中记录我国圆盾蚧亚科昆虫 30 属 90 种。本书将圆盾蚧族提升为圆盾蚧亚科，书中不仅对全世界圆盾蚧亚科种类进行了统计，并且记载了几乎每种昆虫的分布及寄主。

2010 年，Andersen 在其论文 A phylogenetic analysis of armored scale insects, based upon nuclear, mitochondrial, and endosymbiont gene sequences 中运用核基因 *EF-1a* 及线粒体基因 *CO Ⅰ*和*CO Ⅱ*研究了盾蚧科 123 种昆虫的系统发育。其中圆盾蚧亚科选取 19 属 34 种，此分类系统研究范围广泛，但是圆盾蚧亚科物种选取较少，不能全面说明圆盾蚧亚科的系统发育关系。

（二）国内研究概况

我国盾蚧科的研究历史悠久，早年集中于资源蚧虫的开发和利用。对于圆盾蚧亚科进行分类早期的研究是由国外学者开展的。1897 年，Maskell 首次报道了我国台湾、广东（汕头）和福建（厦门）、香港等地以及日本的 66 种蚧虫，我国有 20 个新种，其中圆盾蚧亚科昆虫 4 种。1917 年，桑名伊之吉发表我国盾蚧科昆虫 42 种，其中圆盾蚧亚科昆虫 15 种。

1928—1936年，Takahashi陆续发表我国台湾地区盾蚧60新种，其中圆盾蚧亚科昆虫20余种。

1921年，美国加州大学的Ferris在我国东南沿海、台湾共记录蚧虫37种，其中有1新属3新种；特别是1949年，利用第二次世界大战后救济资金来中国西南地区调查采集，在1950—1955年共发表1新科6新属46新种，其中圆盾蚧亚科昆虫共计4种。

1929年，张景欧发表《中国蚧虫名录》，共记述我国盾蚧科昆虫37种，其中圆盾蚧亚科昆虫10余种。

1935年，胡经甫出版《中国昆虫名录》，记述盾蚧20属85种，其中大量记述了圆盾蚧亚科昆虫，约7属30种。1950—1955年，Ferris连续发表我国云南盾蚧科昆虫29新种，圆盾蚧亚科昆虫记述5种。

1955—1956年，苏联科学院的蚧虫专家Borchsenius在我国东北和云南西双版纳进行大规模调查采集，在1956—1962年共发表论文11篇计有新属17个，新种58个，其中发表圆盾蚧亚科昆虫1新种。

1969—1970年，日本北海道大学的蚧虫专家Takagi在日本松村昆虫杂志上发表我国台湾地区盾蚧科较详细的调查报告，共计7个新属39个新种，其中圆盾蚧亚科8种。

1977—1986年，汤祊德编写了《中国园林主要蚧虫》1～3卷，将盾蚧分为5个亚科，记述盾蚧59属241种。包括盾蚧4新属3记录属，49新种，24新纪录种。在出版的第二卷中，主要对圆盾蚧亚科昆虫做了记述，共记录了29属68种。在本书中，汤祊德将盾蚧科分为5亚科：圆盾蚧亚科Aspidiotinae、片盾蚧亚科Parlatoriinae、绵盾蚧亚科Odonaspiadine、蛎盾蚧亚科Lepidosaphediinae和盾蚧亚科Diaspidinae。该分类系统在实际工作中较为简明，易操作。

1980年，王子清编写了《常见介壳虫鉴定手册》，记述盾蚧科18属30种，其中圆盾蚧亚科昆虫4属8种。

1982年，杨平澜出版了《中国蚧虫分类概要》，共记述盾蚧科昆虫83属311种，圆盾蚧亚科昆虫作为族级阶元，共记载圆盾蚧昆虫26属70种，本手册主要列出了物种名录并记载了分布地，只对很少一部分圆盾蚧昆虫进行了描述并绘制了插图。

1982—1986年，周尧出版了《中国盾蚧志》1～3卷，将盾蚧分为8亚科，即Chionaspinae、Fioriniinae、Diaspidinae、Lepidosaphinae、Leucaspinae、Parlatoriinae、Aspidiotinae、Odonaspidinae，共记述盾蚧74属316种，圆盾蚧亚科昆虫7族24属65种，大部分种都附有插图。

1989年，李莉在论文《中国圆盾蚧亚科的分类研究》中记述了我国圆盾蚧亚科4族10属29种，其中新种5个。

2001年，汤祊德发表《关于胡氏〈中国昆虫名录〉（蚧类）的评论和补遗》中列出圆盾蚧亚科35种。

2010年，李涛在论文《中国圆盾蚧族分类研究》中记述我国圆盾蚧族11属41种，其中包括4新种2新记录种。

西北农林科技大学昆虫博物馆是全国蚧虫研究中心之一，先后有周尧、冯纪年及曾涛、李金舫、张凤萍、袁水霞、李涛等10多位博士和硕士研究生从事蚧虫的分类研究，已发表42新种和5新记录种。

（三）世界盾蚧科分类系统研究概况

盾蚧科系统发育研究情况经历了漫长的发展和演化。这种变化可分为三个阶段：第一阶段（表1-1），由于形态学分类技术和人们对盾蚧分类知识的局限，盾蚧科分类系统停留在简单的“分组”阶段；第二阶段（表1-2）由于光学显微镜技术以及分子生物学、细胞学等技术的发展，人们对盾蚧科昆虫的认知更为清晰，无论从形态学，还是从细胞生物学等方面，对盾蚧科的系统发育进行了较为系统的划分；第三阶段（表 1-3）蚧虫分类学家对盾蚧科昆虫的研究更加广泛，电子显微镜技术的应用使分类学家对于形态学的研究更加深入，DNA 测序等先进技术的应用促进了盾蚧科系统发育关系的深入研究。

表 1-1 盾蚧科高级阶元分类系统（1868—1903）（仿 Ben-Dov）

Targioni Tozzetti (1868)	Signoret (1870)	Atkinson (1886)	Maskell (1895)	Leonardi (1897)	Fernald (1903)
Diaspites	Diaspides	Diaspina	Diaspidinae	Diaspiti	Diaspinae
		Aspidiotaria		**Aspidioti**	
		Leucaspiaria		Leucaspides	
				Diaspides	
				Mytilaspides	
				Parlatoriae	

表 1-2 盾蚧科高级阶元分类系统（1921—1966）（仿 Ben-Dov）

MacGillivray (1921)	Ferris (1942)	Balachowsky (1954)	Brown & McKenzie (1962)	Borchsenius (1966)
Diaspidinae	Diaspididae	Diaspidinae	Diaspididae	Diaspididae
Aspidiotini	**Aspidiotini**	**Aspidiotini**	**Aspidiotini**	**Aspidiotinae**
Diaspidini	Diaspidini	Diaspidini	Diaspidini	Diaspidinae
Lepidosaphidini		Diaspidina		Antakaspidini
Fioriniini		Lepidosaphedina		Lepidosaphidini
				Ancepasidini
				Chionaspidini
				Fioriniini
				Diaspidini
Parlatoriini				
Leucaspidini		Parlatoriini	Parlatoriini	Leucaspidinae
		Leucaspidina		
		Parlatorini		
		Odonaspidini	Odonaspidini	
		Rugaspidiotina		Odonaspidinae
	Odonaspidini	Odonaspidina		

表 1-3 盾蚧科高级阶元分类系统（1969—2002）（仿 Ben-Dov）

Takagi (1969)	Chou (1982)	Tang (1984)	Danzig (1993)	Takagi (2002)
Diaspididae	Diaspididae	Diaspididae	Diaspididae	Diaspididae
Aspidiotini	**Aspidiotinae**	**Aspidiotinae**	**Aspidiotinae**	**Aspidiotinae**
Parlatorini	Parlatoriinae	Parlatoriinae	Parlatorini	Parlatorini
Leucaspidini	Leucaspinae		Leucaspidini	Leucaspidini
Odonaspidini	Odonaspinae	Odonaspidinae	Odonaspidini	Odonaspidini
			Aspidiotini	Aspidiotini
				Leucaspidini
				Thysanaspidini
Diaspidinae	Diaspidinae	Diaspidinae	Diaspidinae	Diaspidinae
	Fioriniinae			Diaspidini
Lepidosaphedini	Lepidosaphinae	Lepidosaphinae	Lepidosaphini	Lepidosaphini
Rugaspidiotini	Chionaspinae			
			Diaspidini	Ulucoccinae

近年来，关于盾蚧科昆虫的分子系统发育研究越来越多，特别是以分子标记为主要手段的研究，主要有以 EF-1a 和 16S RNA 等进行的分子系统发育研究（Morse，2006；Andersen，2010）。盾蚧科昆虫的系统发育研究在高级阶元上存在的问题及差异较少，而亚科以下阶元的划分存在很大争议。但是，在各国蚧虫分类学家的共同努力下，盾蚧科系统发育的准确性将进一步提高。

二、存在的问题

我国圆盾蚧亚科的研究虽然已经取得了一定成绩，但是还有许多复杂的问题有待进一步研究，主要包含以下几方面。

（1）区系调查不全面。我国现已记录的圆盾蚧亚科昆虫种数与实际分布种数差距较大，许多地区调查不充分或缺少调查，特别是边疆省区，尚需做深入考察。

中国跨越世界地理区划的古北界和东洋界，气候差异比较大，地形地貌多样，因此圆盾蚧亚科昆虫的生物多样性比较丰富。研究者们在采集标本时往往偏重我国内陆地区，边疆地区很少涉及，如新疆、西藏等地，标本数量明显不足，忽视了对种类较少、环境较恶劣地区的考察，从而导致调查数据出现偏差。

（2）我国过去90%以上的圆盾蚧亚科种类为外国人调查记录，模式标本多保存于国外，由于战乱等原因许多模式标本已遗失而无从考证，加之原始描记过于简单，给后人研究造成很大困难。

（3）由于圆盾蚧亚科昆虫个体小，各分类学者采用的分类特征标准不统一，造成许多同物异名，许多种类需要订正。目前没有专门针对圆盾蚧亚科昆虫的出版物发表，圆盾蚧亚科只是作为盾蚧科的一部分出现在专著中，对本亚科的描述及介绍不全面，有的甚至是名称的简单罗列，缺乏形态特征描述及观察标本照片。

（4）圆盾蚧亚科各类群之间的关系需要进一步明确。虽然大多数研究者对圆盾蚧亚科级系统的地位已经达成共识，但是亚科级下阶元的系统发育关系仍然存在诸多问题。例如汤祊德（1977—1986）所著《中国园林主要蚧虫》1～3卷中对圆盾蚧亚科没有分族，而是直接进入属级单元单个描述。而在周尧（1982—1986）出版的《中国盾蚧志》1～3卷中将圆盾蚧亚科分为7个族。有的出版物中将圆盾蚧族下划分诸多亚族。造成以上问题的主要原因可能是各学者所选的特征及角度不同，只是小范围的地区性的类群取样，缺乏世界范围的全面研究，从而影响了圆盾蚧亚科各类群系统发育关系的准确判断。

（5）系统发育关系需要全面的研究。我国至今没有研究者专门对圆盾蚧亚科做过系统发育关系的探讨。亚科以上高级阶元的分类已经基本明确，而亚科以下阶元的系统发育关系至今依然没有得到解决。

基于形态学特征进行的系统发育分析在特征的选取工作中相对较难，对于属间亲缘关系的确定，往往根据属内物种所共有的特征进行选择，然而，当同一个属内各个物种之间的外部形态特征存在巨大差异时，种的归属是否准确及客观，都有主观因素的影响，各个研究者观察的角度不同，种的归属就不同。

对于圆盾蚧亚科的系统发育研究，应该将若虫、地理分布以及分子生物学和形态学特征综合考虑。显而易见，这种全面分析的方法还只是停留在理论基础上，实际操作难度相当大，从而使得研究结果具有很强的片面性。

第二章 材料与方法

一、研究材料

本研究材料包括昆虫的雌成虫及介壳等，主要来源于以下几种途径。

（1）大部分标本来源于西北农林科技大学昆虫博物馆。主要是周尧先生与袁锋先生数十年采集而积累的标本，其次是作者在2005—2011年在福建、浙江、广西等地采集的标本。另外还有一部分是实验室工作人员赴全国各地采集的标本。

（2）中国科学院上海昆虫研究所惠借的部分标本。

二、标本采集

盾蚧标本的采集主要是靠肉眼仔细观察各种植物的叶片、枝干、树皮及根部，发现后将叶片摘下或将树枝剪下，装入信封或自制纸袋内，编号及记载采集时间、地点、寄主和采集人等信息。标本应该在自然状态下风干，避免暴晒。盾蚧标本一年四季均可采集。

三、玻片标本的制作

盾蚧虫体细小，骨化程度不同，所以制作过程各国蚧虫学家不尽相同，本文主要采用上海昆虫博物馆的玻片制作程序（杨平澜，1982）。

（1）将保存于纸袋或信封中的虫体用昆虫针移入氢氧化钾或氢氧化钠溶液内，加热至65℃左右使虫体内含物溶化；

（2）在氢氧化钾或氢氧化钠溶液中将蚧虫体内的内含物清除；

（3）将清除过内含物的虫体移入蒸馏水中，浸泡1h左右；

（4）将浸泡过的虫体移入装有酸性品红溶液的容器中染色，一般需1h至数小时，有的虫体甚至需要过夜；

（5）将染好色的虫体移入30%（2次）、70%、80%、90%、95%和100%的酒精溶液中依次脱水，一般为每个浓度5～10min；

（6）将上述步骤所得虫体移入二甲苯（有刺鼻异味，需戴口罩）溶液中透明，时间一般为3～5min；

（7）在载玻片上滴1滴二甲苯溶液，将透明后的虫体移至载玻片上，用吸水纸吸掉多余的二甲苯溶液，然后在虫体上滴入加拿大树脂胶，盖上盖玻片，将溢出的胶或二甲苯溶液处理干净，贴上采集标签，自然风干或置于烘箱干燥。放入标本盒中保存供以后观察鉴定。

四、观察、测量以及绘图、照相

虫体外部形态特征的观察在美国AMG公司出品的大屏幕显微镜下进行。虫体大小的测量采用实验室配备的尼康公司NIS-Elements软件测量。用日本尼康SMZ1500立体显微镜配合Q-image CCD相机进行拍照，并通过Synoptics Automontage软件对照片进行处理。形态特征图的绘制采用捷克昆虫学家Sule的“背腹半分法”进行，即左侧绘制背面形态图，右侧绘制腹面形态图。

五、系统发育分析

选取圆盾蚧亚科30属及1外群属成虫形态特征57个。建立特征数据矩阵，利用相关软件按照支序分析方法进行探讨和分析，通过运算得出属级系统发育支序图并优化。同时对圆盾蚧亚科各类群间的亲缘关系进行探讨，以得到符合自然规律的分类系统，为盾蚧科分类系统的构建提供依据。

选取软件：Paup＊4.0 beta 10（Swofford，2002）。

Paup＊4.0 beta 10：该软件是一款带有菜单界面、无须平台且功能众多（包括构建进化树）的系统发育分析软件，可用简约法、最大似然法和距离法对氨基酸序列、核苷酸序列和形态特征数据等进行亲缘分析。

Treeview 1.6.6：Treeview是一款用来生成与打印进化树的生物软件，它可以读取NEXUS与PHYLIP生成的进化树格式文件，生成进化树，并输出到打印机。

在系统发育构建过程中，一般将以上两种软件结合起来生成进化树。

运行环境：Windows XP操作系统。

第三章　形态特征

盾蚧科术语混乱，仅我国研究者中就有周尧、汤祊德和杨平澜所著书中的术语也不尽相同。本文参照 Takagi（1969、1970）和 Ferris（1936）等人的著作，同时中文名参照周尧（1985）和汤祊德（1986）的描述，结合自己观察的心得，归纳出圆盾蚧亚科特征的主要术语名称，其形态模式见图 3-1。

1. 介壳（scale，folliculum，testa）（图 3-2）

盾蚧科昆虫的保护构造，由虫体本身的分泌物及蜕皮形成。

（1）雌介壳（female scale，female testa，folliculus femininus）。雌性成虫所被的盾状覆盖物，即雌成虫所形成的壳。通常由一龄蜕皮、二龄蜕皮和分泌物组成，但有些种类，比如隐雌型（pupillarial），雌介壳由两龄蜕皮组成，分泌物不发达。

（2）雄介壳（male sale，male testa，folliculus masculinus）。雄性第二龄若虫形成的壳。由一龄蜕皮和分泌物组成。

（3）一龄蜕皮（first exuvium）。第一龄若虫蜕下的皮。

（4）二龄蜕皮（second exuvium）。第二龄若虫蜕下的皮。

不同类群盾蚧的介壳在形状、大小、颜色和质地等方面有一定差异，这些特征常用于亚科级阶元的分类。如圆盾蚧亚科 Aspidiotinae 雌性成虫介壳一般圆形，颜色较深，从棕褐色至黑色；而牡蛎蚧亚科 Lepidosaphpdinae 的雌介壳呈牡蛎状。在圆盾蚧亚科中，雌雄介壳的质地、大小、形状和色泽等虽然在个体间存在一定的差异，但区别很小，所以在种级分类单元上的意义不大。只能作为一个特征进行描述。

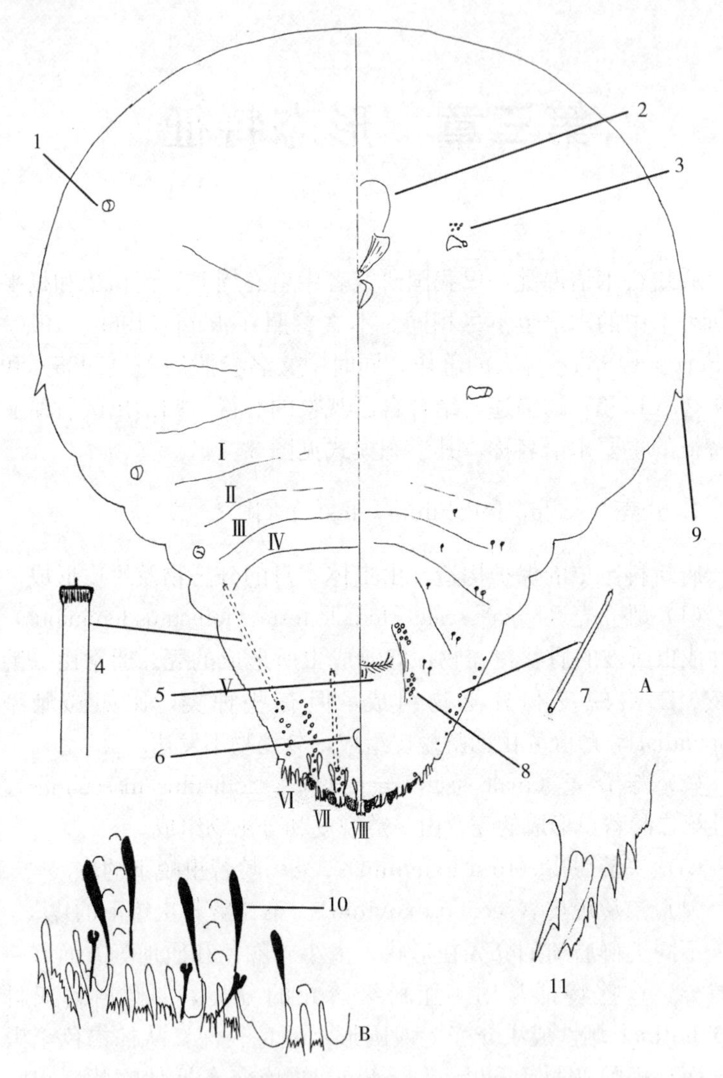

图 3-1　圆盾蚧亚科形态特征模式图（仿 Ferris，1952）

A. 圆盾蚧亚科腹背图　B. 臀板末端　C. 臀栉

1. 背面疤　2. 口器　3. 气门　4. 背大腺管　5. 阴门　6. 肛门　7. 腹面小腺管　8. 围阴腺　9. 胸瘤　10. 厚皮棍　11. 臀栉

2. 体形（body shape）

圆盾蚧亚科昆虫虫体的形状。大致可分为卵圆形、椭圆形、倒卵形、阔卵形、圆形、肾脏形和窄梨形等。

3. 前体部（prosoma）

雌成虫头部和前胸愈合的部分，一般前体部明显。

4. 后体部（postsoma）

雌成虫后胸与腹部分段不很明显，将其统称为后体部。

5. 胸瘤（thoracic tubercle）

胸部向其侧面的瘤状小突起。

6. 触角瘤（antennal tubercle）

雌成虫触角退化所形成的附属物。

7. 气门腺（dischi ciriparis peristgmaticis，spiracerores）

前胸和后胸气门附近的盘状腺孔。

8. 臀前腹节（preabdomen，prepygidial abdomen segment）

通常指腹部的第 1～3 腹节。

9. 腺管（ceratubae，duct）

分泌物的导管部分。开口于虫体背面的为背腺管（ceratubae dorsale，dorsal duct）；开口于腹面的腺管称为腹腺管（ceratubae ventrale，ventral duct）；开口于臀板边缘的称为边缘腺管（marginal gland，marginal duct）。亚中背腺管（submedian dorsal duct）和亚缘背腺管（sublateral dorsal duct）：指按节排列的背腺

管分成两组，靠近身体中轴的一组为亚中背腺管，远离身体中轴而近侧缘的一组为亚缘背腺管。圆盾蚧亚科的腺管一般为单栓式，不存在双栓式腺管。

10. 腺刺（gland spine，ceraspinae）

指臀板边缘的刺状突起物，其内通常连有小腺管。

11. 臀叶（lobe）*

臀板边缘叶状的骨化附属突起。

（1）中臀叶（median lobe）。指臀板端部靠近中轴的1对叶状骨化附属突起，是第Ⅷ腹节的突出物。

（2）第二臀叶（second lobe）。臀板端部靠近中臀叶的第2对骨化附属突起，第Ⅶ腹节的突出物。

（3）第三臀叶（third lobe）。臀板后缘靠近第2对臀叶外的叶状骨化附属突起，是第Ⅵ腹节的突出物。

（4）第四臀叶（fourth lobe）。第Ⅴ腹节的骨化叶状突起。

12. 臀栉（plate，pectine）（图3-3）

臀板边缘骨化的附属突起。圆盾蚧亚科中臀栉发达，侧臀栉一般不呈端齿式。

13. 厚皮棍（paraphyse）

臀板边缘向臀板内部延伸的表皮加厚。呈各种形状。

14. 围阴腺孔（circumegentital pore，prevulvar pore）（图3-1）

指阴门周围的盘状腺孔群，只在腹面存在，在圆盾蚧亚科中

---

* 本书缩略语注释：L1代表中臀叶；L2代表第二臀叶；L3代表第三臀叶；L4代表第四臀叶。

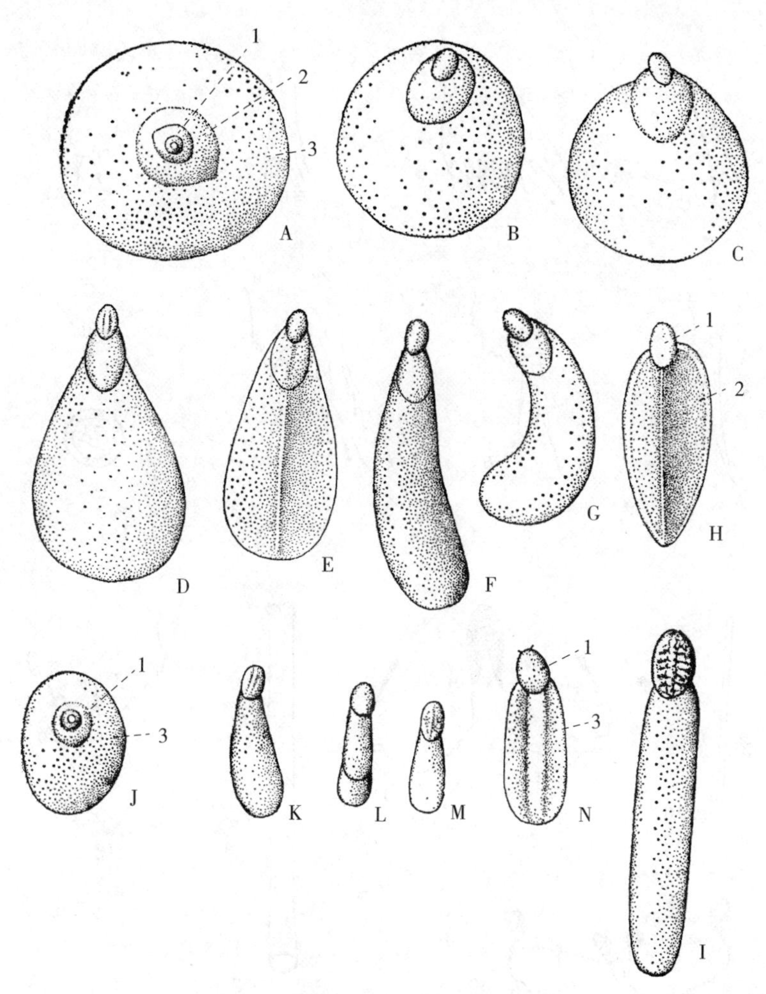

图 3-2 介壳的各种类型（仿周尧，1982）

A～I. 雌介壳 J～N. 雄介壳

1. 一龄蜕皮 2. 二龄蜕皮 3. 分泌物

通常呈 2～5 群，有中群（median group，mesogenacerores）、前侧群(pregenacerores，anterolateral group)、后侧群（postgenacerores，posterolateral group)。

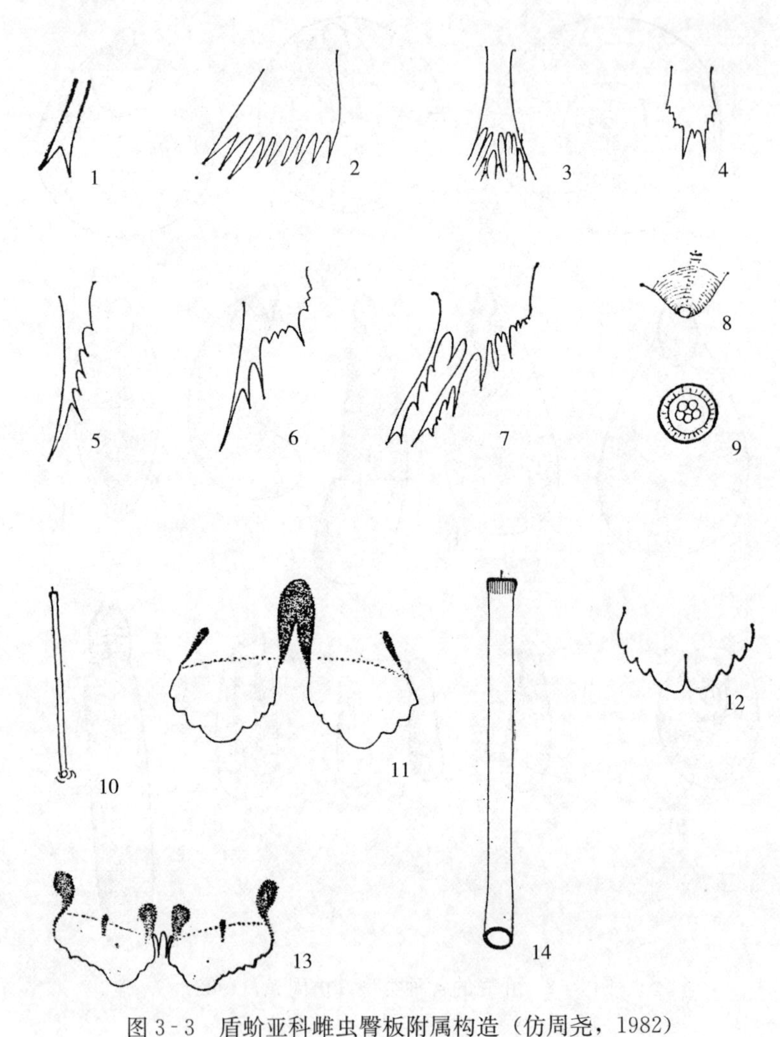

图 3-3　盾蚧亚科雌虫臀板附属构造（仿周尧，1982）

1. 叉式臀栉　2. 端齿式臀栉　3、4. 不规则端齿式臀栉　5～7. 侧齿式臀栉　8. 腺瘤　9. 盘状腺孔　10. 小腺管　11. 中臀叶轭连　12. 中臀叶合并　13. 中臀叶不轭连　14. 大腺管

15. 阴门（vulva）

臀板背面的雌性生殖孔。圆盾蚧亚科中阴门一般位于肛门前或平行于肛门。

16. 肛门（anal）

位于臀板腹面的排泄孔。圆盾蚧亚科中肛门位置是重要的分类特征。

17. 一龄若虫（first instar）

一龄若虫虫体形状、体周缘缘毛的有无、触角节的数量，末节是否具有螺纹、头管的有无等特征常常用于分类。

18. 雌成虫（adult female）（图 3-1）

雌成虫特征是盾蚧科昆虫分类主要的特征。雌成虫适应于附着生活，许多外部形态已经特化。无翅、无足、无复眼和单眼。触角退化。腹部末节愈合为臀板，其上附属物作为分类的主要特征。背腺管按节排列。通常有围阴腺，不同属之间形态有一定差异。

第四章　分　　类

本部分以周尧先生（1982）的分类系统为基础，以Borchsenius（1946）和汤祊德（1984）的分类系统为参照对我国盾蚧亚科的属种进行了记述。本亚科是盾蚧科中属种最多的一个亚科，特征同源性也较高，在分类学上的意见，各学者也比较一致，少有争议。

圆盾蚧亚科 Aspidiotinae Borchsenius，1966

Aspidiotini，MacGillivray，1921. Type genus：*Aspidiotus* Bouché，1833.

Aspidiotinae，Borchsenius，N. S.，1966. Type genus：*Aspidiotus* Bouché，1833.

［模式属］圆盾蚧属 *Aspidiotus* Bouché，1833

［雌介壳］通常圆形，常为褐色、黑色或灰色，白色少，蜕皮常位于介壳的中央。

［雄介壳］比雌介壳小，质地和形状常与雌介壳一致。

［雌成虫］体一般呈圆形、卵形或梨形等，宽大于长，但也有长大于宽的。臀前腹节分节明显。触角只有1毛。

臀板略呈三角形，臀叶正常，一般3对，有的臀叶无，有的数量可达5对，侧臀叶单一，绝不分瓣。臀栉发达。背腺管长，单栓式，常在臀板背面的腺沟内排成系列；无短腺管和斜口腺管，腹面腺管很小。阴门一般位于臀板中央。肛门位置多变化，比较接近臀板末端，但从不在阴门之前。臀板边缘有时有厚皮棍。

［雄成虫］体较为粗壮。翅短阔，红色或橙色，有紫色闪光，头的背面无五角形或菱形骨片；有侧单眼；头的下面中央常有3对毛，前足胫节端部无刺。腹部末前节侧面有4根毛。雄性成虫由于在采集过程中难以捕捉，所以在盾蚧分类研究中较少用到。

［分布］古北区，东洋区，非洲区，澳洲区，新北区，新热带区。

全世界已知112属，中国已知30属。

根据介壳形状和雌成虫主要特征将圆盾蚧亚科分为7个族。

圆盾蚧亚科分族检索表

1 雌介壳由3部分构成，分泌物部分发达；虫体在介壳以下……………2

雌介壳由2部分构成，分泌物不发达；成虫隐藏在第二蜕皮内………

………………………………………………………………奥盾蚧族 Aonidiini

2 前气门有盘状腺孔，臀板上有网状花纹；前胸与中胸之间有明显的深缢缩 ……………………………………网纹盾蚧族 Pseudaonidiini

前气门无盘状腺孔，臀板上无网状花纹………………………………3

3 臀板上背腺管细小，大小和腹腺管一样…………小圆盾蚧族 Aspidiellini

臀板上背腺管粗，明显比腹腺管大……………………………………4

4 L3刺状，和L1跟L2明显不同 …………………刺盾蚧族 Selenaspidini

L3如有，叶状，与前两对相似……………………………………………5

5 臀板上无厚皮棍………………………………………圆盾蚧族 Aspidiotini

臀板上有厚皮棍……………………………………………………………6

6 厚皮棍只分布在外臀叶以内…………………金顶盾蚧族 Chrysomphalini

厚皮棍分布到外臀叶以外臀板的侧缘上，这个部分通常硬化 …………

…………………………………………………………林盾蚧族 Lindingaspini

（一）奥盾蚧族 Aonidiini

Aonidiini Chou，1982：323.

［模式属］*Aonidia* Targioni-Tozzetti，1868

雌介壳全部由第二蜕皮形成，雌成虫比第二蜕皮小，隐藏在第二蜕皮内，即隐雌型或囚型。体圆形、卵形或扁圆形。触角只1刚毛。前后气门附近盘状腺孔有或无，肛门在臀板中央或近基部。围阴腺孔有或无。臀叶、臀栉和背腺管有或无，或呈不同的形状。

分属检索表

1　臀板边缘的饰物退化，臀栉无或小；臀叶最多2对，L2无或小………
………………………………………………………………奥盾蚧属 *Aonidia*

臀板边缘的饰物发达…………………………………………………… 2

2　臀叶3对，臀栉发达………………………………桎圆盾蚧属 *Diaonidia*

臀叶和臀栉在臀板末端变形，变长…………………图盾蚧属 *Greeniella*

1. 奥盾蚧属 *Aonidia* Targioni-Tozzetti，1868

Aonidia Targioni Tozzetti，1868：735. Type species：*Aonidia purpurea* Targioni-Tozzetti（= *Aspidiotus lauri* Bouché），by monotype.

Targionidea MacGillivray，1921：373. Synonym by Ben-Dov，2003：58.

Cupressaspis Borchsenius，1962：866. Synonymy by Danzig，1993：214.

［模式种］*Aonidia lauri* Targioni-Tozzetti，1868

［雌介壳］第一蜕皮位于前端，介壳主要由扩大而骨化的第二蜕皮形成。

［雄介壳］椭圆形，蜕皮在介壳端部。

［雌成虫］隐雌型，体包围在骨化的第二蜕皮内，体梨形或阔梨形。前气门有或无盘状腺孔。触角具1毛。

臀板末端2对臀叶；L2不分瓣。臀栉无，或短小。无厚皮棍。臀板及臀前腹节边缘无指状突或刺状肉质突起。臀板边缘缘毛短粗。背腺管数量少，短。管口圆柱形。

肛门圆形，其纵径大小与L1宽度大致相等；位于臀部中央或近端部1/3处。

围阴腺孔无。

［第二龄若虫］臀板有3对发达的臀叶，边缘骨化，有L4痕迹。臀叶间有分叉的臀栉。边缘腺管短且小。

注：本属从形态上来说与*Cryptaspidiotus* Lindinger相似，但是与后者的区别在于本属肛门开口纵径与L1宽度相等，而后者约为L1宽度的1/5。

［分布］澳洲区，非洲区，东洋区，古北区，新北区。

本属全世界记载31种，中国记载2种。

台湾奥盾蚧 *Aonidia formosana* Takahashi，1935

Aonidia tentaculata formosana Takahashi，1935：35.（Type locality：China）

Aonidia formosana；Borchsenius，1966：363.

［寄主］樟树。

［分布］中国（台湾南投县仁爱乡）。

拉拉山奥盾蚧 *Aonidia rarasana* Takahashi，1934

Aonidia rarasana Takahashi，1934：31.（Type locality：China）

［分布］中国（台湾拉拉山）。

2. 桎圆盾蚧属 *Diaonidia* Takahashi，1956

Diaonidia Takahashi，1956：25. Type species：*Aonidia yabunikkei* Kuwana，by monotypy and original designation.

［模式种］*Aonidia yabunikkei* Kuwana，1933

［雌成虫］蛹壳形，臀前部分扩大为一个突出，大部分膜质。

臀板相当小，三角形。微微骨化，有 3 对发达且骨化的臀叶。叶间臀栉发达，L3 外侧的臀栉长，不呈缨状。臀板背腺管相当小，丝状，管口相当大，圆形；分布在臀板边缘区域。

肛门开口相当大，圆形，位于臀板中央位置。

围阴腺孔存在。

［第二龄雌若虫］圆形，臀板小，宽，微微突出。3 对臀叶发达。臀栉发达。背腺管正常大小。

注：本属近似于 *Aonidia* 属，但是本属具有发达的臀叶和臀栉，而后者臀叶和臀栉不发达。

［分布］东洋区，古北区。

本属全世界已知 2 种，中国记载 1 种。

肉桂桎圆盾蚧 *Diaonidia cinnamomi*（Takahashi，1936）

Gymnaspis cinnamomi Takahashi，1936：82.（Type locality：China）

Diaonidia cinnamomi Takagi，1969：96.

［寄主］肉桂。

［分布］中国（台湾宝山）。

3. 图盾蚧属 *Greeniella* Cockerell，1897

Greeniella Cockerell，1897：703. Type species：*Aonidia*

corniger Green，by original designation.

［模式种］*Aonidia corniger* Green，1896

［雌介壳］近圆形，稍微隆起；蜕皮位于介壳中心。

［雌成虫］隐雌型，体阔梨形或椭圆形，头胸部和臀前腹节表皮膜质。臀板小，突出，边缘臀叶不明显，臀板后缘只5个指状突起；臀栉无，有少数尖形的刺，臀前腹节的边缘和中后胸也有这种刺分布，越往前越小。臀板上完全无背腺管。

肛门圆形，位于臀板近基部位置。

阴门开口呈长弧状；围阴腺孔和腹腺管无。触角具1刚毛。

前后气门均无盘状腺孔。

注：本属种类体型特殊，主要特征为体扁圆形，臀板梳子状。

［分布］澳洲区，东洋区。

本属全世界记载约14种，中国已知2种。

分种检索表

1　臀板每侧体缘有14～18个成列的尖状突起……………………………
……………………………………… 缨图盾蚧 *G. fimbriata*（Ferris）
　臀板每侧体缘无成列的尖状突起……………………………………………
……………………………… 番樱桃图盾蚧 *G. lahoarei*（Takahashi）

缨图盾蚧 *Greeniella fimbriata*（Ferris，1955）

Decoraspis fimbriata Ferris，1955，Microent.，XX：32.（Type locality：China）

Greeniella fimbriata Borchsenius，1966，Catalogue：366.

［寄主］番樱桃。

［分布］中国（广东）。

番樱桃图盾蚧 *Greeniella lahoarei*（Takahashi，1931）

Aonidia（*Greeniella*）*lahoarei* Takahashi，1931.（Type locality：China）

Greeniella lahoarei；Borchsenius，1966：366.

［寄主］番樱桃。

［分布］中国（台湾阳明山）。

（二）网纹盾蚧族 Pseudaonidiini

Pseudaonidiini Chou，1982：248.

［模式属］网纹圆盾蚧属 *Pseudaonidia* Cockerell，1897

体圆形、卵形或倒梨形，前胸和中胸之间有深的缢缩。臀板的背中部或腹部中央位置有网纹区。厚皮棍有或无。围阴腺孔有或无。背腺管发达。臀叶发达。

分属检索表

1 雌成虫臀板背面和腹面中央位置都有网纹区………………………………………………………………… 环纹盾蚧属 *Semelaspidus*

雌成虫只臀板背面中央位置有网纹区…………………………………… 2

2 臀板厚皮棍小或不可见，不发达………… 网纹圆盾蚧属 *Pseudaonidia*

臀板末端厚皮棍发达……………………………………………………… 3

3 前气门有盘状腺孔，臀栉发达……………高山圆盾蚧属 *Sadaotakagia*

前气门有盘状腺孔，后气门无，臀栉不发达 ……………………………………………………………… 重圆盾蚧属 *Duplaspidiotus*

1. 环纹盾蚧属 *Semelaspidus* MacGillivray，1921

Semelaspidus MacGillivray，1921：393. Type species：*Aspidiotus cistuloides* Green，by original designation.

Protargionia Ferris，1937：52. Synonymy by Borchsenius，1966：235.

［模式种］*Aspidiotus cistuloides* Green，1921

［雌介壳］短圆锥形隆起，蜕皮位于介壳中心。

［雄介壳］小，黑色，通常卵形，蜕皮位于介壳前端。

［雌成虫］体宽椭圆形，中后胸和腹部之间有深缢缩；腹部各节分瓣明显。老熟时表皮完全骨化，背面中央位置有网纹区，腹面网状花纹不明显，但可见。触角只1刚毛。前气门有盘状腺孔。

臀板末端有4对发达的臀叶，L1与L2紧靠，之间无臀栉；L2和L3，L3和L4之间有微小的刺状臀栉2～3个，端部微微分叉。背腺管细长，分组，刚毛小，位于臀板近末端。厚皮棍2～4对，棍状，从臀叶内角生出；存在于L3、L4的前方，延伸至围阴腺孔的后端。

围阴腺孔3组或没有。常有4个明显的围阴表皮结。

［分布］东洋区。

全世界已知5种，中国已知3种，其中1新种，1新记录种。

分种检索表

1　围阴腺孔存在……………………………………………………………… 2

　围阴腺孔缺失 ………………… 杧果环纹盾蚧 *S. mangiferae* Takahashi

2　前气门盘状腺孔3～8个 …………… 多孔环纹盾蚧 *S. multiporu* sp. nov.

　前气门盘状腺孔9～15个 ……………………………………………………

……………………… 椰子环纹盾蚧 *S. theobromae* Williams，1957 rec. nov.

多孔环纹盾蚧 *Semelaspidus multiporu* sp. nov.（图4-1）

［雌介壳］卵形。

［雌成虫］体梨形。长约1.9mm，宽约1.43mm。中胸和后胸之间有一深的缢缩。臀板背面有一个网状区。臀板宽圆，触角具1刚毛，前气门有盘状腺孔3～8个。

臀板末端有4对臀叶。L1外侧具浅缺刻；L2比L1小，外侧具缺刻；L3比L2大，外侧1缺刻；L4小于L3，顶端1深缺刻。L1内外基角有1对短的骨化区，L2和L3的内基角分布伸出一根厚皮棍，L4 基部有大量短的骨化棒。臀栉细长，比臀叶短，L2 和 L3 之间 2 个，L3 和 L4 之间 3 个。厚皮棍 3 对，L2、L3 和 L4 内基角各生一对，第一对最长。背腺管非常细。

肛门窄，两侧平行，位于臀板顶端 1/4 处；阴门位于臀板基部。

围阴腺孔存在，前侧群 9～11 个，后侧群 17～21 个，两个表皮结之间 6～12 个，共 32～44 个。

注：本种与 *S. theobromae* Williams，1957 近似，但是可以通过以下特征区分：①新种前气门盘状腺孔 3～8 个，后者 9～15 个；②新种围阴腺孔 32～44 个，后者 10～19 个。

［观察标本］正模：♀，中国海南吊罗山，2008-Ⅴ-29，李涛。副模：20 ♀♀，同正模。

［寄主］椰子。

［分布］中国（海南）。

［词源］新种种名“*multiporu*”来源于新种围阴腺孔数量。

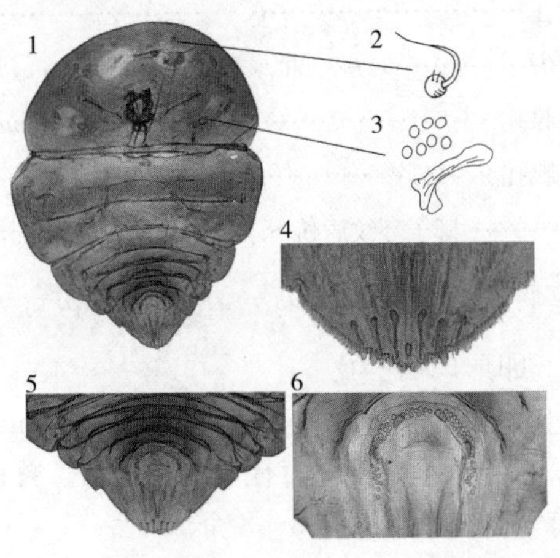

图 4-1　多孔环级盾蚧 *Semelaspidus multiporu* sp. nov.（♀）

1. 成虫体　2. 触角　3. 气门　4、5. 臀板　6. 围阴腺孔

椰子环纹盾蚧 *Semelaspidus theobromae* Williams，1957 rec. nov.（图 4-2）

Semelaspidus theobromae Williams，1957：40.（Type locality：Malaysia）

［雌介壳］黑色，微微隆起，直径约 2mm。

［雄介壳］长形，长 1.25mm，宽 0.5mm。危害叶片两面。

［雌成虫］长 1.25mm，宽 1.00mm。背部骨化，前后体段之间有深缢缩。臀板背面和腹面均有网状花纹，臀板背部网状花纹不明显，臀板圆形，臀板围阴腺孔位置共有 4 个骨化明显的痂。前气门具 8～15 个盘状腺孔。

臀板末端有 4 对臀叶，L2 明显小于 L1；L3 与 L1 大小相似，外侧有一个缺刻；L4 最大，末端边缘锯齿状。L1 两侧分别有短、钝的厚皮棍伸出；L2 和 L3 基部内侧分别伸出短的厚皮棍；L4 内侧有一短的厚皮棍。臀栉长度约等于臀叶，L2 和 L3 之间 1 个，L3 和 L4 之间 3 个。

肛门开口窄，边缘平行，位于臀板顶端 1/4 处；阴门位于臀板末端靠前。

围阴腺孔存在，前侧群 5～10 个，后侧群 5～9 个。

注：本种与 *S. mangiferae* 接近，但是可以通过围阴腺孔的数量来区分，本种围阴腺孔共 10～19 个，而后者无。本种厚皮棍 4 对，而后者为 2 对。

［观察标本］15♀♀，海南吊罗山，2008-Ⅴ-29，李涛。

［寄主］椰子。

［分布］中国（海南），马来西亚。

杧果环纹盾蚧 *Semelaspidus mangiferae* Takahashi，1939

Semelaspidus mangiferae Takahashi，1939：341.（Type locality：China）

Semelaspidus mangiferae；Chou，1985：259.

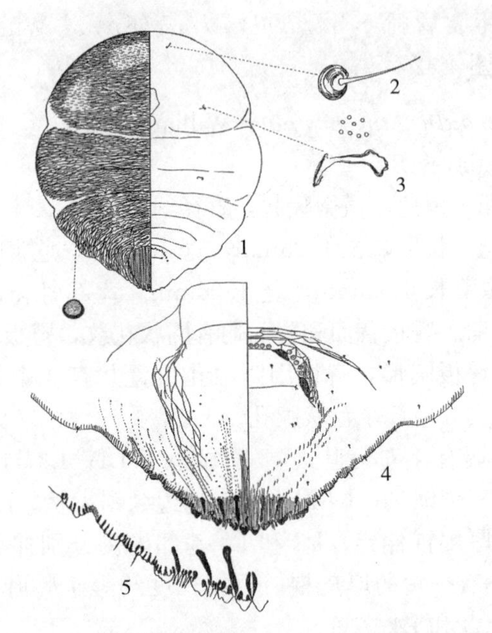

图 4-2 椰子环纹盾蚧 *Semelaspidus theobromae* Williams, 1957 rec. nov. (♀)

1. 成虫体 2. 触角 3. 气门 4. 臀板 5. 臀板末端

［雌介壳］椭圆形，隆起，蜕皮位于介壳中心。

［寄主］杧果。

［分布］中国（台湾），菲律宾。

2. 网纹圆盾蚧属 *Pseudaonidia* Cockerell, 1897

Aspidiotus (*Pseudaonidia*) Cockerell, 1897: 14.

Pseudaonidia; Fernald, 1903: 283.

Pseudaonidiella MacGillivray, 1921: 394. Type species: *Pseudaonidia duplex* var. *paeoniae* Cockerell, by monotypy and original designation. Synonymy by Ferris, 1937: 55.

［模式种］*Pseudaonidia duplex* Cockerell, 1897

[雌成虫] 体卵形，前胸与中胸之间有明显的缢缩。头胸部表皮骨化或不骨化。第 3 和第 4 侧瓣后角尖出，前气门有盘状腺孔，后气门有或无。腹节亚缘区有腺管排列。臀板背面有发达的网纹区，腹部网纹区无。

臀板末端有 4 对臀叶，都与身体的纵轴平行；L1 最大，L2、L3 和 L4 的形状与大小相似。中臀栉和侧臀栉均发达，端部有细齿或分裂；外臀栉无，臀板边缘偶尔有退化的厚皮棍。背腺管数量多，细，圆柱形，管口较大，椭圆形，在臀板的一定区域排成规则的系列。腹面有微小的腺管，边缘开口小。

肛门小，直径比 L1 的宽度小，位置在臀板中央以后。

围阴腺孔有 4 或 5 群。

[分布] 非洲区，澳洲区，东洋区，新热带区，古北区，新北区。

本种全世界已知 20 种，中国已知 4 种，其中 1 新种。

分种检索表

1 围阴腺孔 4 群……………………………………………………………… 2

围阴腺孔不超过 3 群……………………………………………………… 3

2 L1 长于 L2……………………………… 网纹圆盾蚧 *P. duplex* (Cockerell)

L1 比 L2 短……………………三叶网纹圆盾蚧 *P. trilobitiformis* (Green)

3 围阴腺孔 3 群……………………牡丹网纹圆盾蚧 *P. paeoniae* (Cockerell)

围阴腺孔 2 群……………………… 苏铁网纹圆盾蚧 *P. cycasae* sp. nov.

网纹圆盾蚧 *Pseudaonidia duplex* (Cockerell, 1896)(图 4-3)

Aspidiotus duplex Cockerell, 1896: 20. (Type locality: USA)

Aspidiotus (*Pseudaonidia*) *duplex*, Cockerell, 1897: 20.

Aspidiotus (*Pseudaonidia*) *theae*, Cockerell, 1897: 28.

Aspidiotus (*Evaspidiotus*) *duplex*, Leonardi, 1898: 77.

Aspidiotus (*Evaspidiotus*) *theae*, Leonardi, 1898: 77.

Pseudaonidia duplex, Marlatt, 1908: 137.

Aspidiotus theae rhododendri Green, 1900: 67. Borchsenius, 1966: 232.

Pseudaonidia duplex, Chou, 1985: 249.

[雌介壳] 卵形或圆形，隆起，蜕皮位于介壳亚中心位置。直径约1.59mm。

[雄介壳] 无。

[雌成虫] 体略呈阔卵形。体长0.8～1.2mm，宽0.6～1.0mm。但前胸与中胸之间有明显的缢缩；体壁成熟时全骨化。触角具1刚毛，前气门盘状腺孔每侧12～17个，后气门盘状腺孔无。

臀板背面中央位置有发达的网纹区。臀板末端有4对发达的臀叶，L1长略大于宽，每侧有1个缺刻，两臀叶之间的距离不超过单个臀叶宽度的一半；L2比L1低，外侧具有缺刻；L3形状和大小与L2相似，外侧有1缺刻，L2和L3细，约为L1宽度的1/4；L4比L1和L2短，但宽。L4后臀板边缘有不规则齿状突。臀栉微微长于臀叶或相等，L1之间1个，L1和L2之间2个，L2和L3之间3个，L3和L4之间3个，所有臀栉端部双分。臀板边缘厚皮棍不发达，小，几乎没有。背面大腺管细，管口圆形，骨化，亚缘区的背腺管约80个，在臀板上排为4列；L1和L2之间3～4个，L2和L3之间6～7个，L3和L4之间7～10个，第四腹节分布20～30个。

肛门开口小，位于臀板顶端1/3处；阴门位于臀板的中央。

围阴腺孔4群，前侧群25～38个，后侧群22～42个。

注：本种与 *P. trilobitiformis* (Green, 1896) 相似，但是可以通过L1比侧臀叶长而与后者区分，另外L2和L3约为L1

的1/4，而后者约为1/2。

［观察标本］8♀♀，上海，中山公园，1956-Ⅻ-13；3♀♀，云南西双版纳，1974-Ⅳ-23，周尧、袁锋；4♀♀，广西桂林，2010-Ⅶ-28，魏久锋、张斌。

［分布］中国（陕西、广西、广东、贵州、湖南、湖北、四川、上海、台湾、云南和浙江），印度，印度尼西亚，斯里兰卡，美国，韩国，日本。

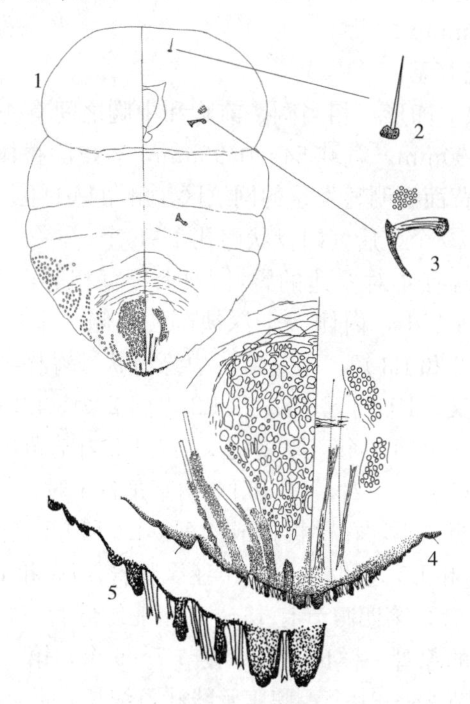

图4-3　网纹圆盾蚧 *Pseudaonidia duplex*（Cockerell，1896）（♀）
1. 成虫体　2. 触角　3. 气门　4. 臀板　5. 臀板末端

牡丹网纹圆盾蚧 *Pseudaonidia paeoniae*（Cockerell，1899）（图4-4）

Aspidiotus duplex paeoniae Cockerell，1899：105.（Type

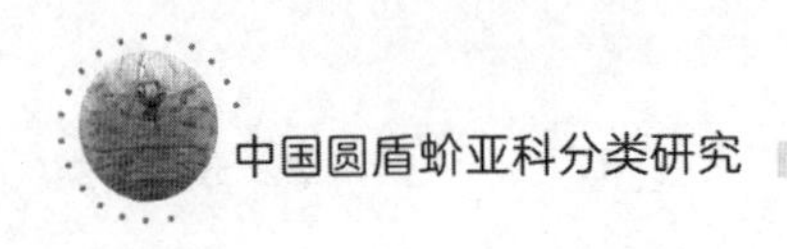

locality：USA）

Pseudaonidia paeoniae，Marlatt：1908：137.

Pseudaonidiella paeoniae；MacGillivray，1921：454.

Pseudaonidia theae；Borchsenius，1937：39. Misdengtification；discovered by Danzig，1993：136.

Pseudaonidia paeoniae；Chou，1985：251.

［雌介壳］圆形，高隆起，深灰色。蜕皮位于介壳中心。直径1.6～2.0mm。

［雄介壳］无。

［雌成虫］卵形，相当阔，前胸和中胸之间有一深缢缩。体长0.75～1.30mm，宽0.54～0.96mm，表皮除臀板外仍然保持膜质。臀板背面有明显发达的网纹区。触角具1毛。前气门有盘状腺孔17～20个，后气门盘状腺孔4～5个。

臀板末端有4对发达的臀叶，L1长宽相等，每侧1缺刻；L2和L3比L1小，内侧一个深缺刻，外侧一个不明显的浅缺刻；L4比L2和L3短，但是宽，边缘齿状。臀栉细长，比臀叶短，顶端分叉，L1间无，L1和L2之间2个，L2和L3之间3个，L3和L4之间3个。厚皮棍4对，L1内基角1对，第三臀栉和第二臀栉之间1对，L2和L3内基角各1对，但是比前两对短。背腺管短、小，在臀板排成4列。L1和L2之间4～6个亚缘腺管，L2和L3之间18～22个亚缘腺管，L3和L4之间25～30个亚缘腺管，第四腹节有45～52个亚缘腺管。臀前腹节的腺管跟臀板上的腺管一样长，第一腹节7～9个，第二腹节20～26个，第三腹节28～31个。腹腺管线状，细长。

肛门开口小，位于臀板末端1/3处；阴门位于臀板的中央位置。

围阴腺孔3群，侧群连接在一起，约100个或更多，中群4～8个。

注：本种与*P. corbetti* Hall et Williams，1962相似，但是

可以通过臀叶的形状和背腺管的长度，特别是后者缺少 L1 之间的厚皮棍来区分。

［观察标本］3♀♀，广西南宁，2010-Ⅶ-22，魏久锋、张斌；1♀，云南昆明，1974-Ⅷ-13，周尧、袁锋。

［分布］中国（广西、湖南、台湾、云南），美国，意大利，日本。

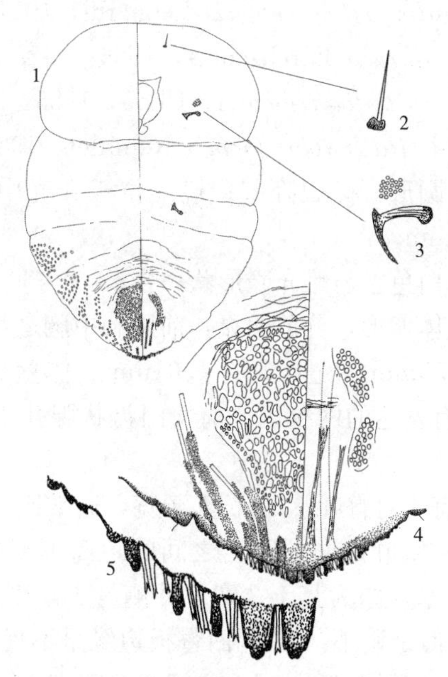

图 4-4　牡丹网纹圆盾蚧 *Pseudaonidia paeoniae*（Cockerell，1899）（♀）
1. 成虫体　2. 触角　3. 气门　4. 臀板　5. 臀板末端

三叶网纹圆盾蚧 *Pseudaonidia trilobitiformis*（Green，1896）（图 4-5）

Aspidiotus trilobitiformis Green，1896：4.（Type locality：Sri Lanka）

Aspidiotus trilobitiformis Cockerell，1897：28.

Aspidiotus darutyi Charmoy, 1898: 278.

Aspidiotus trilobitiformis Leonardi, 1898: 77a.

Pseudaonidia trilobitiformis Cockerell, 1899: 396.

Pseudaonidia trilobitiformis darutyi Fernald, 1903: 284.

Aspidiotus trilobiformis Kuwana, 1907: 194.

Pseudaonidia darutyi Marlatt, 1908: 137.

Pseudoaonidia trilobitiformis Leonardi, 1914: 203.

Aspidiotus daruyi Borchsenius, 1966: 232.

Pseudaonidia trilobitiformis; Chou, 1985: 250.

Pseudaonidiella trilobitiformis Remillet, 1988: 61.

[雌介壳] 圆形，微微隆起；蜕皮位于介壳中心或亚中心。直径1.8～2.2mm。

[雄介壳] 白色，与雌介壳形状一样。

[雌成虫] 体卵形，分节明显，前胸和中胸之间有一深缢缩。体长1.04～1.35mm，宽0.78～1.01mm。体壁成熟时全体骨化。臀板背面有发达的网纹区。前气门盘状腺孔17～20个，后气门无盘状腺孔。

臀板末端有4对臀叶，L1长大于宽，通常比L2低，内外侧均具缺刻，两中臀叶之间的距离之间的距离不超过单个臀叶的1/2；L2比L1窄，约为其1/2宽，外侧具1缺刻；L3和L4与L2形状相似，但是稍小。L4侧面臀板边缘呈不规则锯齿状。臀栉微微比臀叶长，顶端双分；L1之间2个臀栉，L1和L2之间2个，L2和L3之间3个，L3和L4之间3个。厚皮棍退化。背腺管细，L1和L2之间3～5个亚缘腺管，L2和L3之间2个亚缘腺管，L3和L4之间7～10个，第四腹节分布20～24个。臀前腹节背腺管与臀板上的一样长，第一腹节20～24个，第二腹节12～16个，第三腹节13～18个。

肛门开口与L1纵径一样长或稍短，与L1基部的距离是其纵径的3倍；阴门位于臀板中央位置。

围阴腺孔 4 群，前侧群 9～22 个，后侧群 8～20 个。触角具 1 刚毛。

注：本种与 *P. duplex* 很接近，与后者的区别为：①L1 比侧臀叶低；②L2 比 L1 窄，约为 L2 的 1/2，而后者宽度为 L1 的 1/4。

［观察标本］6♀♀，浙江宁波，1983-Ⅻ-13；5♀♀，广西柳州，2010-Ⅶ-29；魏久锋、张斌；2♀♀，海南海口，1963-Ⅴ-6，周尧。

［分布］中国（广东、广西、江西、四川、陕西、云南、浙江、香港、台湾），日本，缅甸，泰国，印度，斯里兰卡，印度尼西亚，喀麦隆，乌干达，坦桑尼亚，南非，马达加斯加，古巴，波多黎各，巴西，美国。

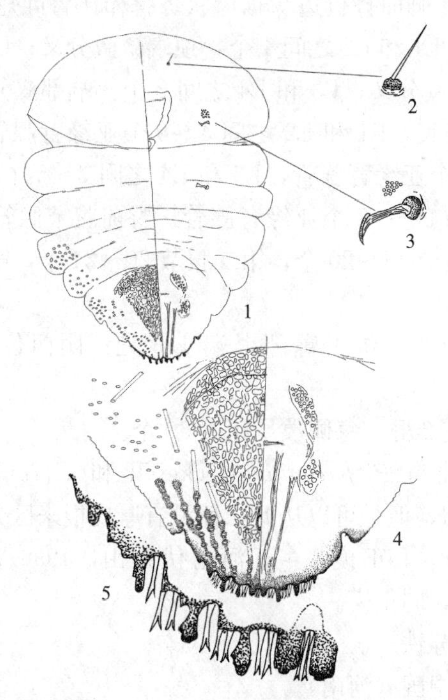

图 4-5　三叶网纹圆盾蚧 *Pseudaonidia trilobitiformis*（Green，1896）（♀）
1. 成虫体　2. 触角　3. 气门　4. 臀板　5. 臀板末端

苏铁网纹圆盾蚧 *Pseudaonidia cycasae* sp. nov.（图 4-6）

［雌介壳］圆形或卵形，相当隆起；蜕皮位于介壳中心或亚中心。直径 1.31～1.42mm。

［雄介壳］无。

［雌成虫］体圆形，体长 1.15～1.2mm，宽约 1mm。前胸和后胸之间有一深缢缩。表皮除臀板外仍然保持膜质。臀板背面有发达的网纹区。触角具 1 刚毛。前气门盘状腺孔 15～18 个，后气门盘状腺孔 1～3 个。

臀板末端有 4 对发达的臀叶。L1 大，顶端圆，每侧有明显缺刻；L2 比 L1 小，外侧具 1 缺刻；L3 和 L4 与 L2 形状相似，但是稍小。L4 侧面臀板边缘锯齿状。臀栉比臀叶短。L1 之间 2 个，端部尖；L1 和 L2 之间 1 个，顶端微微分叉；L2 和 L3 之间 1 个，顶端微微分叉；L3 和 L4 之间 3 个，端部双分。厚皮棍退化。背腺管细长，L1 和 L2 之间 4～6 个亚缘背腺管，L2 和 L3 之间 10～15 个亚缘背腺管，L3 和 L4 之间 3～5 个亚缘背腺管，第四腹节分布 50～57 个亚缘背腺管。臀前腹节腺管与背腺管一样长，第一腹节 15～20 个，第二腹节 20～24 个，第三腹节14～20 个。

肛门开口小，位于臀部末端 1/3 处；阴门位于臀板中央位置。

围阴腺孔 2 群，每侧数量超过 50 个。

注：新种与 *P. paeoniae* Cockerell 和 *P. corbetti* Hall et Williams 相似，但是可以从此二种没有厚皮棍来区分。

［观察标本］正模：♀，河南伏牛山，1996-Ⅶ-10，曾涛；副模，2♀♀，同正模。

［寄主］苏铁。

［分布］中国（河南）。

［词源］新种种名“*cycasae*”来源于新种寄主植物。

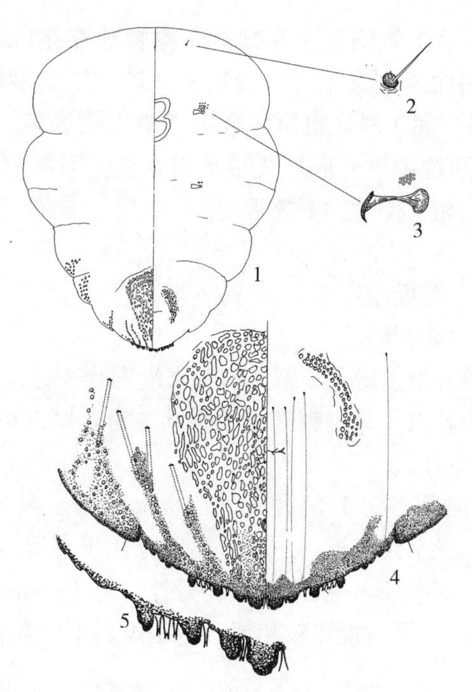

图 4-6　苏铁网纹圆盾蚧 *Pseudaonidia cycasae* sp. nov.（♀）
1. 成虫体　2. 触角　3. 气门　4. 臀板　5. 臀板末端

3. 高山圆盾蚧属 *Sadaotakagia*（Ben-Dov et German，2003）

Takagia Tang，1984：10. Type species：*Takagia sishanensis* Tang，by monotypy and original designation. Junior homonym of *Takagia* Matsumura，1951 in the Cercopoidea.

Sadaotakagia；Ben-Dov et German，2003.

[模式种] *Takagia sishanensis*（Tang，1984）

[雌成虫] 体近圆形。前、中胸有一缢缩，前部圆顶状，后部近半圆形。触角具 1 毛，前后气门均有盘状腺孔。臀板背中部网状斑明显。

臀板上有 3 对发达的臀叶，大且突出，内缘基部近合并，端部微微分离，L1 外侧有 1 深缺刻；侧臀叶存在，单一，较小，骨化，斜向中轴，外缘有 1 个或数个缺刻。臀栉刺状，端部有小刺状分支；L1 间 1 对，粗短；第 3～5 腹节臀栉多。臀板边缘毛粗长。臀板边缘侧臀叶间厚皮棍成对存在。背腺管比腹腺管长且粗，形状相似，管口椭圆形，骨化，分布于腹部及亚缘区。

肛门位于臀板端后部 1/3 处。

模式种中无围阴腺。

［第一龄若虫］触角 5 节；腹部末端臀叶 2 对，侧叶不分瓣。

［第二龄若虫］雌虫腹部末端臀叶 3 对，厚皮棍 2 对，臀栉刺状；缘毛刺针状。

注：本属因为 L1 紧并而与 *Dichosoma*、*Nemorgania* 和 *Mimeraspis* 三个属相近，与此三属区分在于本属有 3 对发达臀叶，并且 L3 外侧具一系列臀栉。另外，与 *Pseudotargionia* 接近，虽然臀叶、厚皮棍比较相似，但是本属 L1 紧并，与后者完全不同。

［分布］东洋区。

全世界已知 1 种，中国已知 1 种。

西山高山圆盾蚧 *Sadaotakagia sishanensis*（Tang，1984）

Takagia sishanensis Tang，1984：10.（Type locality：China）

Sadaotakagia sishanensis；Ben-Dov，2003.

［雌介壳］圆形，深褐色，背部隆起；蜕皮位于介壳末端。直径 1.82～2.41mm。

［雌成虫］体近圆形，长 1.05～1.57mm，宽 0.82～1.55mm，表皮全体骨化，臀板背面网状斑发达。触角 1 毛。前气门有盘状腺孔 12～15 个，后气门有盘状腺孔 4～5 个。

臀板上有 3 对发达的臀叶，L1 紧靠在一起，外侧具 1 深缺刻；L1外侧1缺刻；L3外侧2缺刻。臀栉发达，刺状，分布为L1间2个，L1和L2间2个，L2和L3间3个，L3外侧3个，后两群端部常有侧枝1～2个，另外在臀板第四背缘毛之后有一系列刺状臀栉。臀板边缘厚皮棍呈槌状。每个侧臀叶间1个厚皮棍，共2对。背面腺管比腹面腺管长，管口骨化，椭圆形，均分布在亚缘区。

肛门远离L1基部，约在臀板后部1/3长度处；阴门位于肛门前，约在臀板中央位置。

围阴腺孔无。

［观察标本］2♀♀，云南昆明和西双版纳，2005-Ⅶ-20，张凤萍；5♀♀，云南西双版纳勐仑，2006-Ⅶ-25，张凤萍。

［寄主］乔木。

［分布］中国（云南昆明西山）。

4. 重圆盾蚧属 *Duplaspidiotus* MacGillivray，1921

Duplaspidiotus MacGillivray，1921：394. Type species：*Pseudaonidia clavigera* Cockerell，by orginal designation.

Lattaspidiotus MacGillivray，1921：394. Synonymy by Ferris，1937：55.

Duplaspidiotus Tang，1982：11.

［模式种］*Pseudaonidia clavigera* Cockerell，1901

［雌介壳］圆形，高隆起；色暗，蜕皮金黄色。

［雌成虫］体椭圆形，前、中胸之间有一缢缩。表皮常全体骨化，臀板背面中部网纹区发达。前气门盘状腺孔存在。

臀板末端有3对臀叶，或有L4，L5有时也有，L1基部轭连。臀栉常常退化，刺状或刷状，一般不呈叉状。臀板厚皮棍发达，长于臀叶数倍，经常呈棍状，从臀叶间伸出。背腺管细长，数量很多，在臀板背面排成系列。腹面腺管微细，较背腺管短。

围阴腺孔有或无。

注：本属和*Pseudaonidia*及*Paraonidia*相近，与*Pseudaonidia*区别在于本属厚皮棍比后者发达，长棍状，比臀叶长。与*Paraonidia*区别在于本属臀栉不为双叉状。

［分布］新热带区，非洲区，澳洲区，东洋区，古北区，新北区。

本属全世界已知18种，中国已知2种。

分种检索表

1 臀板围阴腺孔3群……………………柘柳重圆盾蚧 *D. claviger*（Cockerell）
 臀板无围阴腺孔…………………… 西双重圆盾蚧 *D. xishuangensis* Young

柘柳重圆盾蚧 *Duplaspidiotus claviger*（Cockerell，1901）

Pseudaonidia clavigera Cockerell，1901：226.（Type locality：South Africa）

Pseudaonidia iota Green et Laing，1921：127. Synonymy by Balachowsky，1958：258.

Duplaspidiotus claviger；MacGillivry，1921：453.

Duplaspidiotus claviger；Tang，1982：11.

［雌介壳］椭圆形或圆形，隆起，灰褐色；直径2.5mm。

［雌成虫］体椭圆形，前、中胸之间有一深缢缩。体长1.22～1.53mm，宽0.81～1.00mm。表皮全体骨化，臀板背面中部有发达的网纹区。触角具1毛。前气门盘状腺孔8～11个，后气门盘状腺孔无。

臀叶3对，形状相似，外侧均具一缺刻。臀栉小，端部刷状。臀板末端厚皮棍发达，L1和L2间各有一长的厚皮棍。围阴腺孔中群与前侧群合并，形成3群，中群约36个，后侧群约10个。

肛门开口纵径小于L1长度，位于臀板端部1/4处。

阴门位于臀板基部约1/3处。

[观察标本] 10♀♀，云南昆明和西双版纳，2005-Ⅶ-20，张凤萍；10♀♀，云南蒙自，2005-Ⅶ-10，张凤萍。

[寄主] 锦葵，桑，桃金娘，龙眼，桂花，石榴，无患子，山茶。

[分布] 中国（云南），塞舌尔，南非，库克群岛，斐济，关岛，纽埃，巴布亚新几内亚，美国，斯里兰卡，日本。

西双重圆盾蚧 *Duplaspidiotus xishuangensis* Young，1986

Duplaspidiotus xishuangensis Young，1986：199.（Type locality：China）

[雌介壳] 圆形，隆起，深棕色或黑色。直径约2.5mm。

[雌成虫] 体宽卵圆形，头胸宽圆，前胸和中胸之间有缢缩，腹部分节明显，体长2.07mm，体宽1.85mm，表皮全体骨化。臀板背面中部有发达网纹区。触角毛1根。前气门和后气门之间都有盘状腺孔分布。

臀叶3对，L1宽圆锥形，两侧无缺刻，两臀叶相互靠近，其间无臀栉及毛；L2和L3较小，形状与L1相似。臀栉极不发达，几乎不可见。厚皮棍在L1和L2之间，L2和L3之间各有1个伸出。背腺管不明显。腹部腺管细小，分布于后胸气门外侧及腹部亚缘区。

肛门开口在臀板端部位置。阴门在臀部中央位置。

围阴腺无。

注：本种与 *D. fossor*（Newstead）相近似，但臀叶3对无缺刻。臀叶间的厚皮棍较短，后气门附近有1群盘状腺孔，均与后者不同。

[观察标本] 2♀♀，云南昆明和西双版纳，2005-Ⅶ-18，张凤萍。

[分布] 中国（云南西双版纳）。

（三）小圆盾蚧族 Aspidiellini

Aspidiellini Chou，1982：254.

［模式属］*Aspidiella* Leonardi，1898

体近圆形，前气门盘状腺孔有或无。围阴腺孔有或无，背腺管细小，和腹腺管一样大小。厚皮棍无。

分属检索表

1　背腺管散乱分布，不排成系列……………… 根圆盾蚧属 *Rhizaspidiotus*
　背腺管排成系列………………………………………………………………2
2　臀叶 3 对，L1 离开，中间有 1 对臀栉 ………… 小圆盾蚧属 *Aspidiella*
　臀叶 1 对，L1 互相接触，中间无臀栉…… 微圆盾蚧属 *Remotaspidiotus*

1. 微圆盾蚧属 *Remotaspidiotus* MacGillivray,1921

Remotaspidiotus MacGillivray，1921：391. Type species：*Aspidiotus chenopodii* Marlatt，by original designation.

Remataspidiotus；Chou，1985：256. Misspelling of genus name.

［模式种］*Aspidiotus chenopodii* Marlatt，1908

［雌介壳］圆形，隆起；蜕皮重叠，位于介壳中央位置。

［雄介壳］长椭圆形。

［雌成虫］体圆形，臀板向后突出。触角瘤状，只有 1 根刚毛。前后气门均无盘状腺孔。

臀板三角形，只有 1 对臀叶。L1 短阔，不伸出臀板的轮廓线外，二臀叶在基部相互连接，内骨粗大，向前延伸，不形成厚皮棍。腺刺短小，不明显。背腺管细小，和腹腺管一样大小，分布在臀板及臀前腹节亚缘部分，排成纵列或横列。

肛门开口接近臀板末端。

围阴腺孔无。

[寄主] 波斯豆。

[分布] 澳洲区，东洋区。

本属明显起源于澳洲区，全世界分布 8 种，中国分布 1 种；其余种分布于澳大利亚。

波斯豆微圆盾蚧 *Remotaspidiotus bossieae*（Maskell，1892）

Aspidiotus bossieae Maskell，1892：10.（Type locality：Australia）

Remotaspidiotus bossieae；Brimblecombe，1958：78.

Remotaspidiotus bossieae；Chou，1985：257.

[寄主] *Bossieae*。

[分布] 中国（云南），澳大利亚。

2. 根圆盾蚧属 *Rhizaspidiotus* MacGillivray，1921

Rhaizaspidiotus MacGillivray，1921：390. Type species：*Aspidiotus helianthi* Parrott，by monotypy and original designation.

Chorizaspidiotus MacGillivray，1921：391. Synonymy by Ferris，1937：34.

Thymaspis Šulc，1934：2. Synonymy by Gómez-Menor Ortega，1954：120.

Hemiberlesiella Thiem et Gerneck，1934：135. Synonymy by Ferris，1943：99.

Arundaspis Borchsenius，1949：737. Synonymy by Danzig，1993：227.

[模式种] *Aspidiotus helianthi* Parrott，1899

[雌介壳] 高隆起，蜕皮在介壳中央。

［雄介壳］椭圆形，与雌介壳颜色、质地相同。

［雌成虫］体卵圆形或近圆形。臀板骨化，边缘齿刻发达。臀板末端具1～5对臀叶；L1大，基部强骨化；侧臀叶略大于臀板边缘齿状突，厚皮棍无。臀栉短，刺状或顶端略具齿，分布在L3以内。背腺管管口1环或2环，数量多，散乱分布于各腹节的背面，在臀板上分布的仅两侧叶间近排列成行，但不成腺沟，其余均散乱分布。臀板腹面的腺管与背腺管粗细相同。

肛门分布接近臀板中央位置，无肛后沟。

围阴腺孔有或无。

注：本属与*Aspidiella*很接近，区别在于本属的臀栉刺状或无，而后者发达，不规则分叉，另外此属区别于后者的是背腺管和腹腺管均散乱分布，而后者形成系列。

［分布］东洋区，古北区，新北区，新热带区。

本属全世界记载13种，其中中国分布2种。

分种检索表

1　围阴腺孔无，只1对臀叶……………… 厦门根圆盾蚧 *R. amoiensis* Tang

　围阴腺孔4群，5对臀叶……………………………………………………

　……………………太岳根圆盾蚧 *R. taiyuensis* Tang，Hao，Shi et Tang

厦门根圆盾蚧 *Rhizaspidiotus amoiensis* Tang，1984

Rhizaspidiotus amoiensis Tang，1984：14.（Type locality：China）

［雌介壳］圆形或近圆形，隆起，黑褐色，蜕皮不在介壳中心位置。直径1.2～1.8mm。

［雌成虫］体圆形或近圆形，长0.8～0.85mm，宽0.7～0.85mm。表皮除臀板外仍然保持膜质。触角位于一深凹内，具1毛。前气门具盘状腺孔，后气门盘状腺孔有或无。

臀板近端部骨化，末端只有1对发达的臀叶。L1很发达，内缘直并且紧靠，外缘圆弧形而有1缺刻，基部强骨化，顶端尖，臀叶边缘强骨化且呈锯齿状；L2和L3略显，与锯齿状突起混在一块。背腺管细小，二环式，背腺管与腹腺管形状大小相同，但背腺管管口骨化，背面和腹面的腺管全部杂乱排列。臀板背部略骨化，形成斑状。

肛门圆，位于臀板后约1/3处；阴门与肛门位置相同，平行。

围阴腺孔无。

注：本种形态与*R. fissurella*相似，但是可以从以下几个方面区分：①本种臀板边缘锯齿状，而后者仅第六和第七腹节呈锯齿状；②本种的L3经常可以看得到，而后者无。

[观察标本] 7♀♀，2006-Ⅷ-18，福建厦门大学，魏久锋。

[寄主] 茅草。

[分布] 中国（福建厦门）。

太岳根圆盾蚧 *Rhizaspidiotus taiyuensis* Tang，Hao，Shi et Tang，1991

Rhizaspidiotus taiyuensis Tang，Hao，Shi et Tang，1991，34：458.（Type locality：China）

[雌介壳] 圆形，蜕皮淡黄。直径1.2～1.8mm。

[雄介壳] 长形，蜕皮颜色与雌介壳相同。

[雌成虫] 近圆形，长0.63～0.81mm，宽0.57～0.70mm。表皮除臀板略骨化外，其余仍然保持膜质。臀板边缘有一系列齿突。触角具1长毛，前后气门均无盘状腺孔。

臀板有5对臀叶，强骨化；L1大且突出，内缘直，外缘斜直，有时具细齿或大缺刻；侧臀叶较小，L3微微缩进臀板内。臀栉发达，顶端双叉状或蟹爪状，L1之间2个，L1和L2间2个，L2和L3之间3个。背腺管和腹腺管相同大小，多分布于后胸以后的边缘及亚缘区，亚中区仅在体背个别地方有。

围阴腺孔 4 群，前侧群 8～9 个，后侧群 7～10 个。

注：本种与 *Rhizaspidiotus* 属中其他种的区别在于本种臀栉蟹爪状，臀叶 5 对，而其他种臀栉正常，臀叶小于 5 对。

[第一龄若虫] 触角 5 节，有 2 端毛，无头管。

[第二龄若虫] 体末端结构与雌成虫一样，臀叶 5 对。

[观察标本] 7♀♀，山西太岳山，2009-Ⅶ-27，李涛。

[寄主] 艾蒿。

[分布] 中国（山西太岳山）。

3. 小圆盾蚧属 *Aspidiella* Leonardi, 1898

Aspidiotus (*Aspidiella*) Leonardi, 1898: 50, 60. Type species: *Aspidiotus sacchari* Cockerell, by original designation.

Aspidiella; MacGillivray, 1921: 387.

Aspidiella; Chou, 1985: 255.

[雌介壳] 圆形，扁平，褐色；蜕皮位于介壳中心。

[雄介壳] 细长，蜕皮位于介壳末端。

[雌成虫] 体倒梨形。表皮除臀板外仍然保持膜质。前后气门均无盘状腺孔。触角具 1 毛。

臀板尖，有发达的 L1 和 L2，L3 消失或退化，最多形成 1 微小的尖齿。厚皮棍无。腺管单闩式，背腺管和腹腺管大小和形状相似，都细而中等长度，分布于亚缘区。臀栉发达，不规则分叉。

围阴腺孔无。

注：本属极其接近 *Aspidiotus* 和其邻近的属，但是本属只有 2 对发达的臀叶，L3 若存在呈短尖状。

[分布] 非洲区，东洋区，新热带区，澳洲区，新北区。

本属全世界分布 7 种，其中中国分布 2 种。

分种检索表

1　围阴腺管无 ………………………… 稗小圆盾蚧 *A. dentata* Borchsenius
　围阴腺管存在…………………… 甘蔗小圆盾蚧 *A. sacchari*（Cockerell）

稗小圆盾蚧 *Aspidiella dentata* Borchsenius，1958

Aspidiella dentata Borchsenius，1958：166，173.（Type locality：China）

Aspidiella dentate；Chou，1985：255.

［雌介壳］卵形，色淡；蜕皮不在介壳中心位置。长2.0mm，宽1.5mm。

［雌成虫］体略呈梨形，长1.0～1.5mm，宽0.6～1.1mm。臀板强骨化。前后气门均无盘状腺孔。

臀板有2～3对臀叶，L1阔、粗壮，端圆而外侧有大缺刻，基部有较长的骨化延伸；L2小，呈三角形突起，无缺刻；L3和L2一样或完全退化。臀栉在中臀叶间1个，窄；L1和L2间1对；L2和L3间2对；所有臀栉均为端齿式。L3外侧板缘弧形，锯齿状。背腺管微小，线状，长度一般，管口圆形；在臀板的每侧排列为3列微微倾斜的纵列；L1和L2间1列，12个；L2和L3间一列，18个；L3外侧一列，约25个。臀板背面近基部有亚缘及亚中的表皮结2对。腹腺管和背腺管同大同形，数量较少，分布于臀板的末缘处。腹节背腹面侧缘有微小的腺管分布，并有一些分布到头胸部。

肛门小，圆形，位置约在臀板近末端1/3处；阴门接近臀板的中央位置。

围阴腺孔无。有明显的围阴脊起。

注：本种与*A. sacchari*相似，但臀叶的形状不同，臀栉数目较少。

［观察标本］3♀♀，贵州湄潭，1973，菀文林；5♀♀，广

东鼎湖山，1980-Ⅳ-14。

［寄主］禾本科植物。

［分布］中国（云南、贵州、广东）。

甘蔗小圆盾蚧 *Aspidiella sacchari*（Cockerell，1893）

Aspidiotus sacchari Cockerell，1893：255.（Type locality：Jamaica）

Aspidiella sacchari；MacGillivray，1921：405.

Aspidiella sacchari；Borchsenius，1966：244.

Aspidiella sacchari；Chou，1985：256.

［雌介壳］圆形，扁平，淡褐色；蜕皮位于介壳中心位置。

［雄介壳］长，淡褐色；蜕皮位于介壳前端。

［雌成虫］体梨形，长1.1～1.5mm，宽0.8～1.0mm。表皮老熟时一直膜质。触角瘤有1圆锥形突起，侧面有1钩状弯曲的刚毛。前后气门无盘状腺孔。

臀叶尖突，有3对臀叶。L1很大，长宽略相等，端部圆，外侧有很多缺刻，基内角延伸出很长，左右2臀叶非常接近；L2小，宽度只有L1的1/2，形状与L1相似；L3很小，端圆。L3外板缘有一列不规则的齿。臀栉不发达，L1间1对，退化，窄；比L1长，端具齿；L1和L2之间臀栉2对，端具齿，长于L2；L2和L3间3对，同样形状，较发达；L3外无臀栉。背腺管丝状，长度一般，管口圆形，开口位于臀部凹陷处；L1间3个，侧面各3组，第一、第二组约12个，成纵列，第三组约20个成1列，有一部分扩展到臀板近基部的外缘。腹腺管同样大小和形状，数目少，只分布到臀板的边缘及亚缘。腹节边缘有很多腺管分布。臀板背面近基部有亚缘及亚中的表皮结各1对。

肛门小，圆形，位于臀部近端部约1/3处；阴门接近臀板的中央位置。

围阴腺孔4群，前侧群4个左右，后侧群6个左右。围阴脊起明显。

［第一龄若虫］触角5节。

［第二龄若虫］臀板特征与成虫相似，背腺管少，每侧只有10个，分布在亚缘。

［观察标本］3♀♀，广东广州，1973-Ⅲ，周尧。

［寄主］天南星，须芒草，狗牙根，鸭嘴草，狼尾草，钝叶草。

［分布］中国（广东），喀麦隆，利比亚，马达加斯加，库克群岛，马绍尔群岛，巴布亚新几内亚，所罗门群岛，墨西哥，美国，哥伦比亚，古北区，圭亚那，印度尼西亚，马来西亚，巴基斯坦，斯里兰卡。

（四）刺盾蚧族 Selenaspidini

Selenaspidini Chou，1982：257.

［模式属］*Selenaspidus* Cockerell，1897

前气门无盘状腺孔。第三臀叶强骨化，棘刺状。侧臀栉发达，外臀栉刺状或齿状。臀前腹节无背腺管。无厚皮棍或网纹区。

分属检索表

1 体圆形，无厚皮棍，L3刺状………………………刺盾蚧属 *Selenaspidus*

体梨形，有厚皮棍，L3棘状………………………棘盾蚧属 *Selenomphalus*

1. 刺盾蚧属 *Selenaspidus* Cockerell,1897

Aspisiotus Cockerell，1897：14. Type species：*Aspidiotus articulatus* Morgan，by monotypy and original designation.

Selenaspidus；Fernald，1903：284.

Selenaspidus Thiem et Gerneck，1934：230. Synonymy by Borchsenius，1966：153.

Selenaspidus；Ben-Dov，2003.

［模式种］*Aspidiotus articulatus* Morgan，1889

［雌介壳］圆形，扁平；蜕皮位于介壳中心。

［雄介壳］卵圆形，蜕皮位于介壳亚中心。

［雌成虫］头、胸部有一条深缢缩。臀部背面表皮全骨化。

臀板端部有 3 对臀叶：L1、L2 与 *Aspidiotus* 的形状一样，L3 特化为硬的刺状突起。臀栉发达，端齿式；L2 外侧的 1 群通常很阔；L3 外侧有臀栉，齿状或刺状。背腺管细长，分布于第 5～8 腹节的缘区和亚缘区，臀前腹节上无。背面通常无网纹区。腹面小腺管数量少。无厚皮棍。

肛门小，位于臀板的中央以后。

围阴腺孔存在，数目少，退化，每侧 1 群。

［第一龄若虫］触角 5 节，第五腹节有环纹。

［分布］非洲区，新北区，澳洲区，古北区，东洋区，新热带区。

本属全世界分布 29 种，中国分布 2 种。

刺盾蚧 *Selenaspidus articulatus*（Morgan，1889）（图 4-7）

Aspidiotus articulatus Morgan，1889：352.（Type locality：Guyana）

Selenaspidus articulatus；Borchsenius，1966：352.

Selenaspidus articulatus；Chou，1982：257.

［雌介壳］圆形，扁平；蜕皮位于介壳中心位置，红褐色。直径 2～2.4mm。

［雄介壳］卵圆形；蜕皮位于亚中心。长 1mm，宽 1.65mm。

［雌成虫］体梨形，长 0.85～1.52mm，宽 0.71～0.84mm。头胸部有一深缢缩。表皮全部骨化。触角具 1 刚毛，前后气门无盘状腺孔。

臀板末端具 3 对发达臀叶，L1 平行，略对称，长与宽基本相等，端部圆；侧面具 1～2 个缺刻；L2 比 L1 稍小，略向内倾斜，外侧具 1 缺刻，端圆；L3 呈粗壮的刺状突起，长于 L1。臀栉发达，L1 间 1 对，狭，端具齿，短于 L1；L1 和 L2 间臀栉 2 对；L2 与 L3 间 3 对，外侧两个阔，略向内倾斜，顶端具齿；L3 外侧具 4～6 个，刺状；臀板边缘锯齿状；第五腹节边缘无臀栉。背腺管细长，管口椭圆形，第 6～8 腹节的亚缘和边缘排成不规则的斜纵列；第五腹节和臀前腹节完全无背腺管。腹面的小腺管线状，少，可在第五腹节边缘看到。

肛门小，卵形，位于臀部近端部 1/3 处；阴门向后弯曲为 V 形。

围阴腺孔 2 群。

［观察标本］7♀♀，贵州湄潭，1973，菀文林；8♀♀，四川峨眉山，1975-Ⅷ-18，海拔 1 000m，周尧；1♀，上海中山公园，1956-Ⅻ-13。

［寄主］茶，龙舌兰，腰果，番荔枝，天南星，刺五加，卫矛，禾本科，苏铁，樟树，藤黄，芭蕉，茱萸，兰花，棕榈，西番莲，芸香，山茶，葡萄，茜草，莎草，木兰，白玉兰，女贞。

［分布］中国（台湾、贵州、四川、上海），安哥拉，喀麦隆，几内亚，肯尼亚，马达加斯加，纳米比亚，南非，坦桑尼亚，多哥，乌干达，津巴布韦，澳大利亚，斐济，墨西哥，美国，巴巴多斯岛，巴西，哥伦比亚，哥斯达黎加，古巴，厄瓜多尔，格林纳达，海地，巴拿马，秘鲁，印度，菲律宾，斯里兰卡，日本，英国。

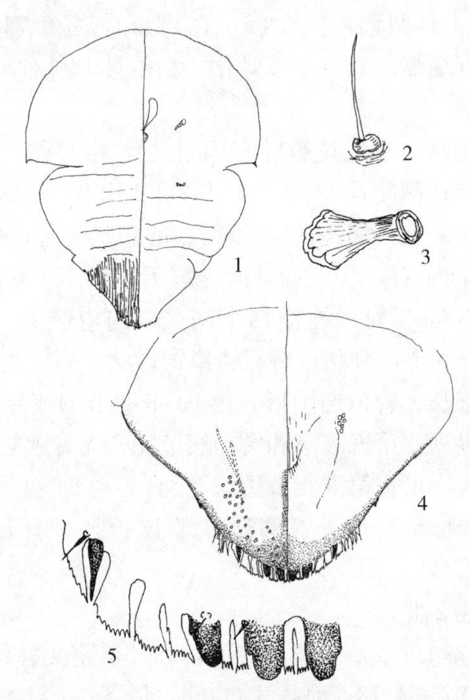

图 4-7 刺盾蚧 *Selenaspidus articulatus*（Morgan，1889）（♀）
1. 成虫体 2. 触角 3. 气门 4. 臀板 5. 臀板末端

仙人掌刺盾蚧 *Selenaspidus rubidus* McKenzie，1953

Selenaspidus rubidus McKenzie，1953：57.（Type locality：USA）

［寄主］仙人掌，大戟科，山龙眼。

［分布］中国，南非，美国，新加坡，德国。

2. 棘盾蚧属 *Selenomphalus* Mamet，1958

Selenomphalus Mamet，1958：426. Type species：*Aspidiotus euryae* Takahashi，by monotypy and original designation.

Selenomphalus Chou，1985：259.

［模式种］*Aspidiotus euryae* Takahashi，1958

［雌成虫］体倒梨形，臀板突出。表皮除臀板外仍然保持膜质，臀板背面无膜质节间沟。

臀板末端有 3 对发达的臀叶，L1 和 L2 正常；L3 棘状，外形为狭窄的圆锥状，强骨化。臀栉发达，端部缨状；L3 外臀栉阔并呈梳齿状。臀板背腺管长，管口横椭圆形，相当大。边缘腺管每两个臀叶间 1 个。亚缘腺管每侧排成 3 或 4 列，中间 3 列数目较多。L1 和 L2 基角各有 1 厚皮棍。

肛门开口接近臀板中央位置。

围阴腺孔 4 群。

注：本属背腺管排列与其他特征近似于 *Octaspidiotus*，可以从 L2 和 L3 背缘毛形状与后者区分；而本属 L3 棘状，与 *Selenaspidus* 非常接近，但体型不同，有厚皮棍，可以从 L3 外侧臀栉形状不同加以区分。

［分布］古北区，东洋区。

本属全世界记载 2 种，中国分布 2 种，其中 1 新种。

棘盾蚧 *Selenomphalus euryae*（Takahashi，1958）（图 4-8）

Aspidiotus euryae Takahashi 1931b：383；Mamet，1958a：428.（Type locality：China）

Selenomphalus euryae；Mamet，1958：428.

Selenomphalus euryae；Chou，1985：259.

［雌介壳］近圆形或形状不规则，扁平，直径 1.71～2.00mm；蜕皮近端部。

［雌成虫］体圆形或卵圆形。长 0.8～1.02mm，宽 0.64～1.05mm。触角小，相互远离，具 1 毛。前后气门均无盘状腺孔。

臀板近三角形，顶端圆。有 3 对发达的臀叶，L1 长宽近等，基部收缩，端部平圆，每侧有 1 个缺刻；L1 两叶间距约为 1 个臀叶宽度的 1/2。L2 与 L1 相似，内外均具缺刻，外侧角的缺刻不清晰或无；L3 呈骨化的圆锥状。L1 基部伸出 1 对发达的纺锤状厚皮棍。臀板背面边缘腺管分布：L1 间 1 个，长度比肛门到 L1 基部的距离短；L1 和 L2 间 1 个；L3 中间 1 个。臀板背面每侧约 41 个亚缘背腺管，分布为：第七和第八腹节之间 7～11 个，开口大约与肛门平行；第六和第七腹节之间 9～14 个；第五和第六腹节之间 8～13 个，有 2 个几乎在边缘位置；第五腹节外侧还有 1～4 个。臀前腹节有很多小腺管沿边缘分布：存在或缺失，如果存在，第一腹节分布 1～2 个，第二和第三腹节分别分布3～5 个。

肛门纵径约为 L1 长度的 2 倍，肛门与 L1 基部的距离约为

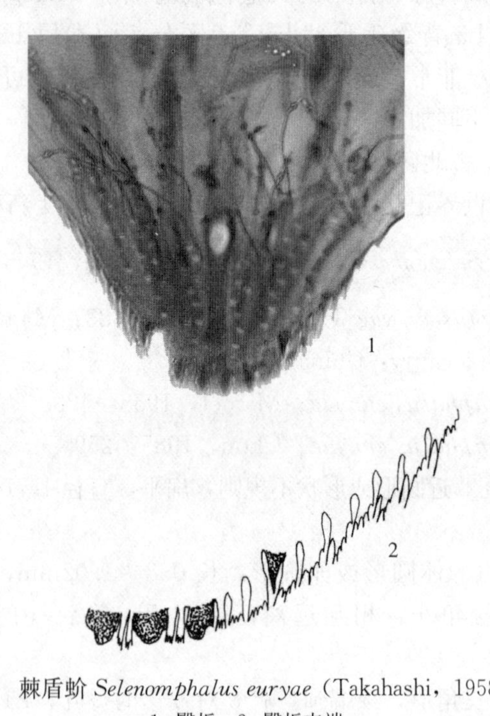

图 4-8　棘盾蚧 *Selenomphalus euryae*（Takahashi，1958）（♀）

1. 臀板　2. 臀板末端

其纵径的 3 倍；阴门位于臀板近基部 1/3 处。

围阴腺孔 4 群，前侧群 6～11 个，后侧群 4～7 个。

[观察标本] 4♀♀，广西玉林，2010-Ⅶ-28，魏久锋，张斌。

[寄主] 桑，山茶。

[分布] 中国（广西、台湾）。

桑棘盾蚧 *Selenomphalus murius* sp. nov.（图 4-9）

[雌介壳] 无。

[雄介壳] 无。

[雌成虫] 体长 1.2～1.4mm，宽 0.9～1.2mm。体梨形或卵圆形。触角小，相隔较远，具 1 毛。前后气门均无盘状腺孔。

臀板近三角形，顶端钝圆。臀叶 3 对，L1 长大于宽，两侧缺刻明显，叶间距离约为 1 个臀叶宽度的 1/2。L2 小于 L1，仅外侧具缺刻，内侧缺刻无；L3 呈明显的骨化圆锥状。L1 基部有 1 对发达的厚皮棍。臀栉正常分布，L3 外侧仅 6 个。臀板背面边缘腺管分布为：L1 间 1 个，开口不到肛门；L1 和 L2 之间 2 个；L3 与 L2 之间 1 个。臀板背面每侧亚缘背腺管 30 个左右，分布为：第七和第八腹节之间 5～9 个，开口大约与肛门平行；第六和第七腹节之间 7～11 个；第五和第六腹节之间 6～10 个，有 2 个几乎在边缘位置；第五腹节外侧还有 1～4 个。臀前腹节有很多小腺管沿边缘分布：存在或缺失，分布少。

肛门纵径约为 L1 长度的 2 倍，肛门到 L1 基部的距离约为其纵径的 3 倍；阴门位于臀板近基部 1/3 处。

围阴腺孔 4 群，前侧群 2～3 个，后侧群 1～2 个。

注：本种与 *S. euryae* 相似，主要区别是：本种 L3 外侧臀栉 6 个，而后者 L3 外侧 8 个；本种 L2 外侧无缺刻，而后者有。

[观察标本] 正模：♀，贵州省湄潭县，苑文林，1987-Ⅴ-20；副模，4♀♀，同正模。

［寄主］桑。

［词源］新种名称“*murius*”来源于模式标本寄主名称。

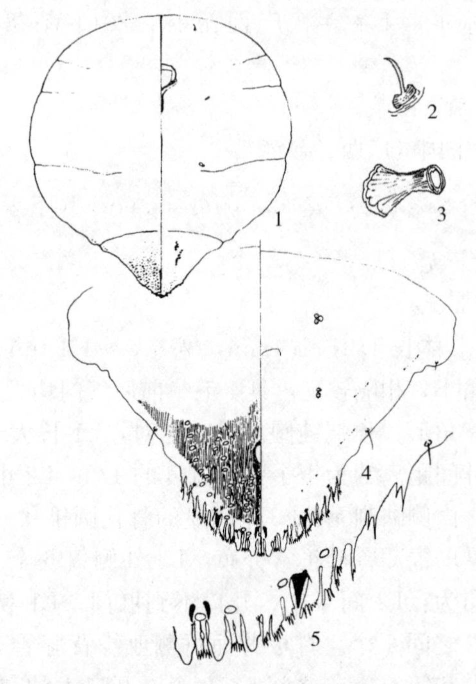

图 4-9　桑棘盾蚧 *Selenomphalus murius* sp. nov.（♀）
1. 成虫体　2. 触角　3. 前气门　4. 臀板　5. 臀板末端

（五）圆盾蚧族 Aspidiotini

Aspidiotini MacGillivray，1921：380.

Aspidiotini Chou，1982：260.

Aspidiotini Takagi，2002：76.

［模式属］*Aspidiotus* Bouché，1833

［雌成虫］虫体通常圆形，绝非隐雌型。前胸气门无盘状腺孔。臀叶 1～4 对，均正常。臀板边缘厚皮棍无。

分属检索表

1　臀板末端只有 1 对臀叶，基部互相接触；臀栉长而分枝；臀板边缘的毛特别长 ………………………………… 长毛盾蚧属 *Morganella*
　臀板有 2 对以上臀叶；缘毛不特别长 …………………………………… 2
2　围阴腺孔无，臀叶 1～4 对；外臀栉不分叉 ……… 棵盾蚧属 *Chortinaspis*
　围阴腺孔有或无；臀叶 3 对；外臀栉分叉 ……………………………… 3
3　L2 和 L3 基部背缘毛特化 …………………………………………………… 4
　L2 和 L3 基部背缘毛正常 …………………………………………………… 5
4　L2 和 L3 基部背缘毛披针状 ……………………… 刺圆盾蚧属 *Octaspidiotus*
　L2 和 L3 基部背缘毛阔，加厚 ………… 宽角圆盾蚧属 *Oceanaspidiotus*
5　3 对臀叶几乎大小相等，几乎等距离排列 ……………………………… 6
　3 对臀叶不同大小 ……………………………………………………………… 7
6　表皮全体骨化，臀板背面不形成膜质节间沟，肛门位于臀板中央 ……… ………………………………………………… 腺圆盾蚧属 *Crassaspidiotus*
　表皮除臀板外仍然保持膜质；肛门开口位于臀板端部 1/4 到 1/3 处 …… ………………………………………………… 等角圆盾蚧属 *Dynaspidiotus*
7　体窄梨形，臀板背面表皮完全骨化；肛门开口位于臀板端部 1/3 处；无膜质节间沟 ……………………………… 台湾圆盾蚧属 *Taiwanaspidiotus*
　体梨形；肛门开口位于臀板端部，背面有清晰的膜质节间沟 ………… ………………………………………………………… 圆盾蚧属 *Aspidiotus*

1. 长毛盾蚧属 *Morganella* Cockerell, 1897

Morganella Cockerell, 1897: 22; MacGillivray, 1921: 389. Type species: *Aspidiotus maskelli* Cockerell, by monotypy.

Aspidiotus (*Morganella*); Cockerell, 1899: 395.

Morganella; MacGillivray, 1921: 389.

Morganelia; Lepage, 1938: 410.

Morganelia；Chou，1985：277.

［模式种］*Aspidiotus*（*Morganella*）*maskelli* Cockerell，1897

［雌介壳］圆形，有圆锥形隆起；蜕皮不在介壳中央位置。

［雄介壳］椭圆形，质地、色泽与雌介壳相同。

［雌成虫］体梨形或近梨形。表皮膜质。臀板只 1 对臀叶，L1 很大且突出，略微相向或平行；L2 完全没有。第 7～8 节和第 6～7 节边缘厚皮棍小，退化；中臀栉无；侧臀栉与外臀栉粗壮，长或短于 L1，端部有齿或分支，数目在 9 对以上。背腺管不明显，数量少，而且分散；管线状，长；管口小，近圆形。

肛门小，位于近臀板末端。

围阴腺孔无。

注：本属特征极其明显，与本亚科其他属相比只有 L1，侧臀栉与外臀栉连成一系列相似的构造，背腺管退化。

［分布］非洲区，新北区，东洋区，澳洲区，古北区，新热带区。

本属全世界分布 6 种，中国分布 1 种。

长毛盾蚧 *Morganella longispina*（Morgan，1889）

Aspidiotus longispina Morgan，1889：352.（Type locality：Guyana）

Aspidiotus longispinus maskelli Cockerell，1897：22. Synonymy by Borchsenius，1966：277.

Aspidiotus longispina ornate Maskell，1898：225. Synonymy by Ferris，1941：46.

Morganella longispina；Chou，1985：278.

Morganella longispina；Ben-Dov，2003.

［雌介壳］圆形，高隆起，黑色；蜕皮接近介壳中部。直径约为 2mm。

［雄介壳］长形，黑色；蜕皮接近介壳末端。长约 1mm。

［雌成虫］体倒梨形或椭圆形，体长约0.8mm，宽约0.95mm。表皮除臀板外仍然保持膜质。触角具1毛，前后气门均无盘状腺孔。

臀板宽大，L1尖突，长形，外侧1缺刻，内侧紧靠，两个基部厚皮棍槌状；L2和L3无。第七和第八腹节间厚皮棍小而成对，有时第六和第七腹节间也有1对。臀板背缘毛特别长。臀栉大且明显，每侧11～13根，从L1外一直延伸到第四腹节缘毛内。臀板背腺管细长，丝状，分布稀疏。腹腺管细，较短。

肛门位于L1基部厚皮棍端部；阴门位于臀板中央位置。

围阴腺孔无。

［观察标本］3♀♀，云南河口，2005-Ⅶ-15，张凤萍；4♀♀，贵州湄潭，1973，苑文林。

［寄主］山茶，桑，榕树。

［分布］中国（云南、广东、贵州、香港、台湾），喀麦隆，毛里求斯，莫桑比克，南非，澳大利亚，库克群岛，斐济，法国，新加多利，巴布亚新几内亚，西萨摩亚，汤加，墨西哥，美国，安提瓜和巴布达，巴哈马群岛，百慕大群岛，巴西，多米尼克，危地马拉，印度，菲律宾，斯里兰卡，阿尔及利亚，埃及，日本。

2. 稞盾蚧属 *Chortinaspis* Ferris, 1938

Chortinaspis Ferris，1938：194. Type species：*Aspidiptus chortinus* Ferris，by original designation.

Chortinaspis Chou，1985：279.

［模式种］*Aspidiptus chortinus* Ferris，1938

［雌介壳］长圆形，灰色或黑色；蜕皮位于介壳中心位置，色淡。

［雄介壳］长椭圆形，色淡，蜕皮位于介壳末端。气门围有小刺区，无盘状腺孔。

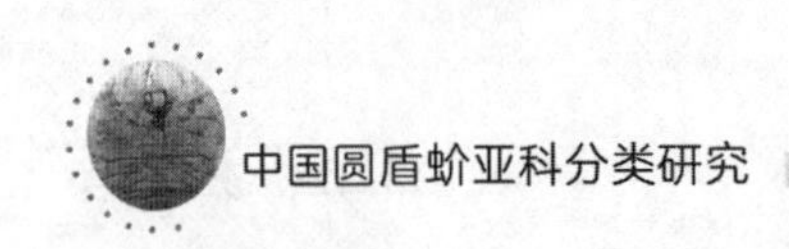

［雌成虫］梨形。腹部第二、第三和第四腹节边缘通常突出。臀板有发达的 L1 和 L2。L1 不轭连，L2 不分瓣，L3 小或无。厚皮棍缺失。臀栉发达，L1 有或无侧臀栉发达，彼此孤立，而形状相似，狭长，刺状或有齿；外臀栉有或无，若有，与侧臀栉相同。臀板 4 节上都有背腺管，排成纵列，管为狭长的圆柱形，管口椭圆形。腹面通常有小腺管，腺管均单栓式。

肛门大，直径和 L1 的宽度相似或稍小，位于臀板中央以后。

围阴腺孔无。

注：本属与圆盾蚧亚科其他属的主要区别在于本属有长而且端尖的侧臀栉。

［分布］古北区，东洋区，新北区，非洲区，澳洲区，新热带区。

本属全世界分布 15 种，中国分布 3 种，其中 1 新种。

分种检索表

1　臀板有 3 对臀叶 ………………… 天目稞圆盾蚧 *C. tianmuensis* sp. nov.
-　臀板有 2 对臀叶 ……………………………………………………… 2
2　L3 外有 5～6 个臀栉…………………双叶稞圆盾蚧 *C. biloba*（Maskell）
-　L3 外最多 3 个臀栉……………………… 饰稞圆盾蚧 *C. decorata* Ferris

双叶稞圆盾蚧 *Chortinaspis biloba*（Maskell，1898）（图4-10）

Aspidiotus bilobis Maskell，1898：225.（Type locality：China）

Chortinaspis bilobis Ferris，1946：38.

Chortinaspis biloba；Borchsenius，1966：279.

［雌介壳］形状多变化，呈不规则的圆形或卵形；白色到黑色。直径 1.6～2.3mm。

［雄介壳］无。

［雌成虫］体梨形。体长 1.2～1.9mm，宽 0.35～1.23mm。

沿腹节侧缘有很少的腺管分布。触角瘤状，端部有 3 个齿状突起，刚毛细长。前后气门开口肾脏形，无盘状腺孔。

臀板有 2 对发达的臀叶，L1 大，端圆，两侧无缺刻；L2 较小，基部阔而端部窄；L3 退化，呈 1 微小的三角形齿；臀板外缘呈不规则的锯齿状。臀栉发达，L1 间 2 个，L1 和 L2 间 2 个，L2 和 L3 间 2 个，和臀叶一样长；L3 外有 5～6 个刺状臀栉，小。厚皮棍无。背腺管小，丝状，管口小，圆形，骨化，每侧约 30 个，不规则分布在臀板的边缘及亚缘。腹面的腺管大小与形状完全一样，数目和分布的情形也差不多。

肛门圆形，位于臀板近端部 1/4 处；阴门位于臀板近基部 1/3 处。

围阴腺孔无，围阴脊起明显。

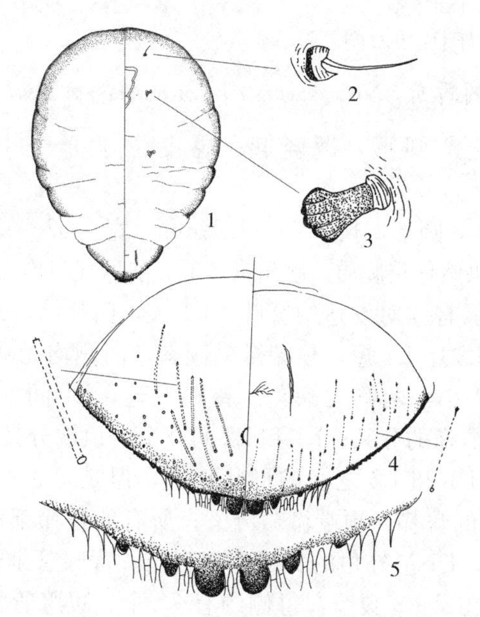

图 4-10　双叶稞圆盾蚧 *Chortinaspis biloba*（Maskell，1898）（♀）
1. 成虫体　2. 触角　3. 前气门　4. 臀板　5. 臀板末端

[第一龄若虫] 触角5节。第一与第四节各有1毛；第五节等长于前4节之和，有环纹，生有6刚毛，其中有2条从端部伸出。

[观察标本] 4♀♀，浙江平阳，2006-Ⅶ-15，王亮红。

[寄主] 禾本科植物。

[分布] 中国（香港、台湾、上海、浙江）。

饰稞圆盾蚧 *Chortinaspis decorata* Ferris，1952

Chortinaspis decorata Ferris，1952：8.（Type locality：China）

Chortinaspis decorata Chou，1982：281.

[雌介壳] 圆形，黑色；高隆起；蜕皮位于介壳末端。

[寄主] 禾本科。

[分布] 中国（云南）。

天目稞圆盾蚧 *Chortinaspis tianmuensis* sp. nov.（图4-11）

[雌介壳] 圆形，微隆起；蜕皮位于介壳中心；直径1.5～2.0mm。

[雌成虫] 圆形，长1.75～1.89mm，宽1.32～1.48mm。表皮除臀板外仍然保持膜质。触角具1毛。前后气门均无盘状腺孔。

臀板边缘有3对发达的臀叶。L1大，门牙状，顶端圆，两侧无缺刻；L2比L1短，顶端微微倾斜，两侧均无缺刻；L3三角形，比L2小，两侧无缺刻。臀栉发达，L1间2个，比L1长，顶端有清晰的分叉；L1和L2间2个，顶端分叉；L2和L3间3个，与L1和L2之间的形状相同，但是更长；L3外侧有5～6个细长的臀栉，顶端微微分叉；所有的臀栉都没有与之相连的小腺管。L1基外角的背缘毛相当长。背腺管细长，分布无规则，分布在1～8腹节，每侧约有70个。腹腺管比背腺管更细，几乎不可见。

肛门开口圆形，到L1基部的距离约为其纵径的3倍；阴门位于臀板近基部1/3处。

围阴腺孔缺失。

注：本种与*C. decorata*相似，但是可以通过本种臀叶3对，而后者臀叶2对来区分。

［观察标本］3♀♀，浙江天目山，1983-Ⅷ-15，江洪。

［寄主］龙血树。

［分布］中国（浙江天目山）。

［词源］新种名称"*tianmuensis*"来源于模式种模式产地。

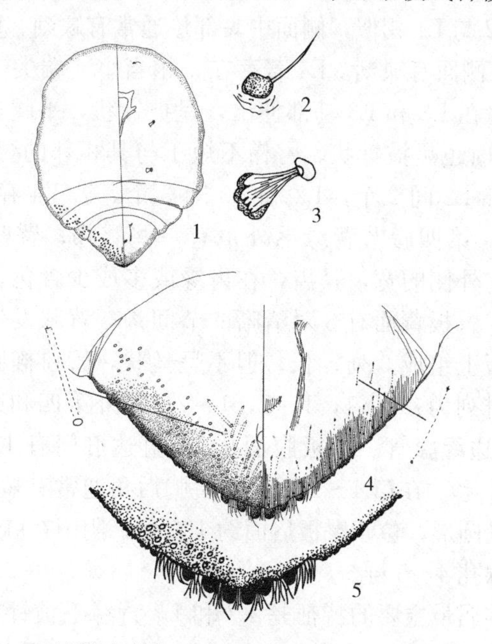

图4-11　天目稞圆盾蚧 *Chortinaspis tianmuensis* sp. nov.（♀）
1. 成虫体　2. 触角　3. 前气门　4. 臀板　5. 臀板末端

3. 刺圆盾蚧属 *Octaspidiotus* MacGillivray, 1921

Octaspidiotus MacGillivray, 1921: 387. Type species: *Aspidiotus subrubescens* Maskell, by original designation.

Metaspidiotus Takagi, 1957: 35. Synonymy by Takagi, 1984: 3.

Octaspidiotus Tang, 1985: 25.

[模式种] *Aspidiotus subrubescens* Mask, 1892.

[雌成虫] 体阔梨形，臀板突出。表皮在臀前区域仍然呈膜质，但是在一些种中，老熟虫体全身骨化。

臀板有 3 或 4 对发达的臀叶，与体轴平行或者微微倾斜。L1 发达，侧面通常有一缺刻；每个 L1 基部被一个狭窄的膜质区域隔开。L2 与 L1 相似，侧面中央部位通常有缺刻。L3 与 L2 一样大，仅在侧面有缺刻。L4 若存在，相当小，端尖，侧面具缺刻。背缘毛在 L2 和 L3 基部伸出，呈披针状，平阔；背缘毛发生在 L4 处时也呈披针状。臀栉不短于与其相邻的臀叶，L1 间 2 个，L1 和 L2 间 2 个，L2 和 L3 间 3 个，若 L4 存在，L3 和 L4 间 3 个。第四腹节背缘毛外也有一些臀栉；臀叶间的臀栉端部刷状，外侧的宽，具齿，在齿缘或多或少骨化。臀板边缘无厚皮棍。臀板背面有 3 对清晰的节间沟，背腺发生在节间沟内，在臀板上组成 6 列，长，但不呈丝状，管口椭圆形；边缘腺管数目排列为：1，1，1～2，1～2，另外第四和第五腹节均有 1～2 个边缘腺管。臀板腹面从 L2 直达肛门有 1 条厚皮棍，其端长有 1 毛。在第 1～3 腹节或后胸后角通常有短缘背腺管。

肛门椭圆形，位于臀板后面约 1/3 处；阴门在肛门前。

围阴腺孔 4～5 群。

注：本属最主要的特征是 L2 和 L3 背缘毛披针状，即背缘毛宽扁。本属与 *Aspidiotus* 的主要区别是：①本属 L1 基部有节痕，而后者无；②臀板边缘背缘毛披针状，而后者正常；③外臀栉外侧为骨化栉齿，内侧呈栉齿突，臀板背腺沟较长，而后者臀栉正常。

[分布] 澳洲区，新北区，东洋区，古北区。

本属全世界分布 16 种，中国 10 种，其中 1 新记录种，1

新种。

分种检索表

1 围阴腺孔有………………………………………………………………………… 2
围阴腺孔无………………………胡颓子刺圆盾蚧 *O. pungens* sp. nov.
2 L2 和 L3 上披针状背缘毛比臀叶长………………………………………… 3
L2 和 L3 上披针状背缘毛比臀叶短………………………………………… 4
3 L1 紧贴在一起，之间空隙狭窄 ………………………………………………
………………………… 蔷薇刺圆盾蚧 *O. australiensis* Kuwana rec. nov.
L1 两臀叶之间的距离至少是每个臀叶的一半 ………………………… 5
4 L3 外臀栉 7 个 ………………………… 松刺圆盾蚧 *O. pinicola* Tang
L3 外臀栉 8～9 个 ……………… 台湾刺圆盾蚧 *O. machili*（Takahashi）
5 表皮老熟全体骨化 …………… 楠刺圆盾蚧 *O. stauntoniae*（Takahashi）
表皮除臀板骨化外其余部分仍然保持膜质……………………………… 6
6 L1 之间有 2 腺管，L1 呈马蹄形，无内外缺刻………………………………
……………………………………… 双管刺圆盾蚧 *O. bituberculatus* Tang
L1 不呈马蹄形 ………………………………………………………………… 7
7 L1 间距约为 L1 每一叶半宽 …………………………………………………
………………………… 云南刺圆盾蚧 *O. yuannanensis*（Tang et Chu）
L1 间距小于 L1 每一叶半宽………………………………………………… 8
8 背腺管总数不超过 40 个 ……… 杜鹃刺圆盾蚧 *O. rhododendronii* Tang
背腺管总数不少于 50 个 …………………………………………………… 9
9 L3 外臀栉 7 个，最外侧 3～4 个正常 ……………………………………
……………………………………………兰花刺圆盾蚧 *O. cymbidii* Tang
L3 外侧臀栉 7～8 个，最外侧 3～4 个突状，一般骨化 …………………
……………………………… 梁王茶刺圆盾蚧 *O. nothopanacis*（Ferris）

双管刺圆盾蚧 *Octaspidiotus bituberculatus* Tang，1984

Octaspidiotus bituberculatus Tang，1984：26.（Type locality：

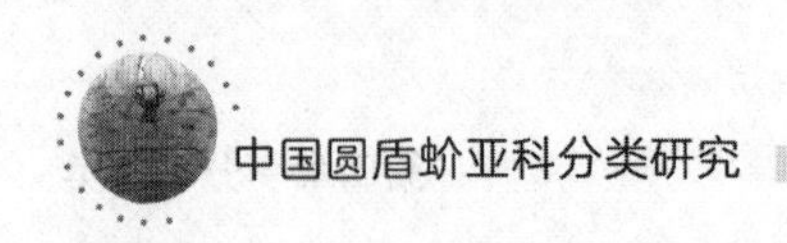

China)

［雌成虫］体倒梨形，表皮除臀板外均膜质。体长为0.89～1.23mm，宽为0.82～1.02mm。触角具1毛，前后气门均无盘状腺孔。

臀板突出，臀板有3对发达的臀叶，形状相同，均如马蹄状，内外均无缺刻，L1之间的距离约为每个臀叶的一半，L1～L3依次变小，L2和L3上的披针状背缘毛短于臀叶。臀栉发达，数目排列为2，2，3，7。L2和L3之间最内一个臀栉比其余两个窄，L3外臀栉7个，端部不发达，长臀栉的端部很短，最外面两个臀栉顶端无齿。背大腺管总数为64～72个。臀板基部四个腹节每侧各有背小腺管17～20个。L1间腺管2个。

肛门椭圆形，位于臀板后面约1/3处；阴门在肛门前。

围阴腺孔4群，前侧群2～4个，后侧群4～5个。

注：本种区别于本属其他种的主要特征为：①L1间有2个腺管；②臀叶呈马蹄形，无内外凹切。

［观察标本］10♀♀，浙江乌岩岭，2006-Ⅷ-11，魏久锋。

［寄主］乌桕。

［分布］中国（浙江）。

兰花刺圆盾蚧 *Octaspidiotus cymbidii* Tang，1984

Octaspidiotus cymbidii Tang，1984：31.（Type locality：China）

［雌介壳］圆形，介壳黄色，蜕皮橘黄色，位于介壳中心。直径约2mm。

［雄介壳］圆形，蜕皮位于介壳中部，黄色，直径约1mm。

［雌成虫］体倒梨形，长1.18mm，宽约为1.02mm。表皮除臀板外均保持膜质。触角具1毛，前后气门均无盘状腺孔。

臀板边缘有3对臀叶，L1大，内外两侧均具缺刻，L1间距小于每个臀叶的一半宽，L2和L3形状大小相同，外侧均具1缺刻。臀栉发达，L1 间的臀栉刺状或每根分 2 叉，L2 和 L3 间最内一个臀栉比其他两个窄。L2 和 L3 披针状背缘毛短于臀叶。背大腺管总数约为 52 个。第三和第四腹节有腹缘背小管分布，每侧各 3～4 根。

肛门椭圆形，位于臀板后面约 1/3 处；阴门在肛门前。

围阴腺孔 4 群，前侧群 6～11 个，后侧群 6～8 个。

注：本种近似于 *O. tamarindi*，但是可以通过以下特征区分：本种 L1 之间距离窄，其间臀栉 1 对，单刺形或双叉状，后者围阴腺孔明显多于前者。

[观察标本] 8♀♀，北京香山，2005-Ⅷ-15，张凤萍。

[寄主] 兰花。

[分布] 中国（北京）。

台湾刺圆盾蚧 *Octaspidiotus machili*（Takahashi，1931）

Aspidiotus machili（Takahashi），1931b：384.（Type locality：China）

Octaspidiotus machili；Takagi，1984：11.

[寄主] 兰花。

[分布] 中国（台湾）。

梁王茶刺圆盾蚧 *Octaspidiotus nothopanacis*（Ferris，1953）（图 4-12）

Octaspidiotus nothopanacis（Ferris），1953：66.（Type locality：China）

Octaspidiotus nothopanacis；Takagi，1984：10.

[雌成虫] 表皮除臀板前端外仍然保持膜质。体圆形，体长 1.23～1.85mm，宽 0.81～1.32mm。触角具 1 毛，前后气门均无盘状腺孔。

臀板突出，有 3 对臀叶。L1 之间的间距窄于 L1 每个臀叶的宽度。L2 和 L3 披针状背缘毛比臀叶短。L2 和 L3 间的臀栉发达，3个；L3外侧7～8个，外面3～4个突状，外侧或多或少骨化。臀板背面的大腺管总计为66～67个。

肛门椭圆形，位于臀板后面约1/3处；阴门在肛门前。

围阴腺孔4群，前侧群6～14个，后侧群4～8个。

注：本种近似于 *O. pinicola*，但是可以通过L2和L3上背缘毛长短区分，前者背缘毛短于臀叶，而后者则长于臀叶。

［观察标本］5♀♀，上海，1980-Ⅳ-14；7♀♀，浙江杭州，1985-Ⅱ-3；12♀♀，贵州省惠水县。

［寄主］掌叶梁王茶。

［分布］中国（上海、浙江、贵州）。

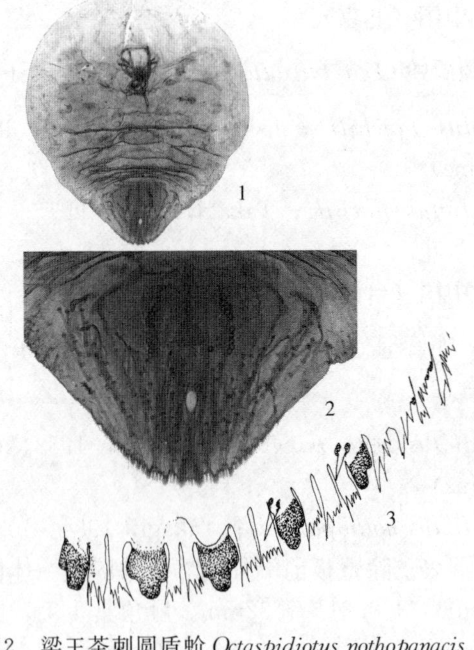

图4-12　梁王茶刺圆盾蚧 *Octaspidiotus nothopanacis*（Ferris，1953）（♀）

1. 成虫体　2. 臀板　3. 臀板末端

松刺圆盾蚧 *Octaspidiotus pinicola* Tang，1984

Octaspidiotus pinicola Tang，1984：26.（Type locality：China）

［雌介壳］圆形或椭圆形，淡黄色，蜕皮在介壳的中央部位，直径约为 2mm。

［雄介壳］长形，淡黄色，蜕皮在介壳的末端，长约 1mm。

［雌成虫］体倒梨形，表皮除臀板外均膜质，长约为 0.85mm，宽约为 0.68mm。触角具 1 毛，前后气门均无盘状腺孔。

臀板突出。臀叶 3 对；L1 大，内外均具 1 浅缺刻，L1 间距约为 L1 每个臀叶的 1/2 宽度；L2 与 L3 大小形状相同，外侧均具缺刻；L1 和 L3 披针状背缘毛长于臀叶。臀栉发达，分布为：L1 间 2 个，L1 和 L2 间 2 个，L2 和 L3 间 3 个，宽度相同，L3 外臀栉 7 个。臀板背大腺管总数为 50～60 个。基部第 1～3 腹节背小腺管总数为 7～10 个。

肛门椭圆形，位于臀板后面约 1/3 处；阴门在肛门前。

围阴腺孔 4 或 5 群，中群有或无，一般 0～1 个，前侧群4～7 个，后侧群 3～5 个。

注：本种与 *O. multipori* 相似，但是本种 L3 外臀栉 7 个，后者则 8～9 个。

［观察标本］4♀♀，广西南宁南湖公园，2010-Ⅷ-10，张斌，魏久锋。

［寄主］湿地松。

［分布］中国（广西）。

杜鹃刺圆盾蚧 *Octaspidiotus rhododendronii* Tang，1984

Octaspidiotus rhododendronii Tang，1984：26.（Type locality：China）

［雌介壳］圆形或椭圆形，蜕皮淡黄色，位于介壳的中心部位，直径约为 2mm。

［雄介壳］长形，约 1mm。

［雌成虫］体倒梨形，长约 1.2mm，宽约为 1.05mm，表皮除臀板外均膜质。触角具 1 毛，前后气门均无盘状腺孔。

臀板突出，臀叶 3 对，L1 大，内外均具缺刻，L1 间距约为其半叶宽度的 1/2，L2 和 L3 比 L1 小，外侧有一深缺刻。臀栉发达，分布为：L1 间 2 个，L1 和 L2 间 2 个，L2 和 L3 间 3 个，L2 和 L3 间的臀栉最内一个比其余两个宽。L2 和 L3 披针状背缘毛比臀叶短。臀板背大腺管总数为 70～74 个。腹缘背小腺管每侧 19～21 个。

肛门椭圆形，位于臀板后面约 1/3 处；阴门在肛门前。

围阴腺孔 4 群，前侧群 9～12 个，后侧群 1～7 个。

注：本种与 *O. yunnanensis* 相似，与其区别在于本种腹缘小腺管数量远远多于后者，且 L3 外臀栉比后者退化。

［观察标本］20♀♀，云南昆明呈贡，2006-Ⅶ-26，张凤萍。

［寄主］杜鹃花。

［分布］中国（昆明）。

楠刺圆盾蚧 *Octaspidiotus stauntoniae*（Takahashi，1933）（图 4-13）

Aspidiotus stauntoniae Takahashi，1933.（Type locality：China）

Octaspidiotus stauntoniae；Takagi，1984：8.

［雌介壳］近圆形，边缘不规则，蜕皮位于介壳中心，灰褐色。直径约 1.5mm。

［雌成虫］体阔梨形。体长 0.98～1.25mm，宽 0.75～0.96mm。表皮老熟时全部骨化，在腹和胸，臀板和臀前区域有贯穿身体宽度的强骨化节间沟；中胸和后胸间也有骨化的节间沟，但是不到达身体边缘；另有 3 个不到达体缘的节间沟存在于腹节基部，将此区域分为 4 节。触角小，间隔远，各具 1 细的刚

毛；前后气门不连有盘状腺孔。

臀板有 3 对臀叶，L1 大，略对称，基部略收缩，端部圆，每侧一深缺刻；L2 比 L1 小，外侧有缺刻；L3 与 L2 相似，但略小；L2 和 L3 披针状背缘毛不超过臀叶末端。臀板背面的大腺管在管口内严重骨化。边缘大腺管分布：L1 间 1 个，开口位于肛门与 L1 基部 2/3 位置；L1 和 L2 间 1 个；L2 和 L3 间 2 个；L3 和第四腹节背缘毛之间 2 个；这个背缘毛侧面 1 个。亚缘背腺管每侧 27～35 个，分布为：第七腹节和第八腹节之间 5～7 个；第六和第七腹节之间 9～11 个；第五和第六腹节之间 14～19 个。第一腹节至第三腹节之间边缘分布一些比较小的腺管。

肛门位于近臀板端部 1/3 处，椭圆形；阴门约在臀板中央位置。

围阴腺孔 4 群，前侧群 2～4 个，后侧群 3～6 个。

注：本种与本属其他种的区别在于本种臀板强骨化，背腺管开口骨化。

[观察标本] 8♀♀，四川峨眉，1988-Ⅷ-22，袁忠林；2♀♀，陕西汉中南郑，1989-Ⅴ-20；26♀♀，陕西汉中，1987-Ⅷ-11，李莉；34♀♀，陕西汉中城固，1970-Ⅸ，周尧；50♀♀，陕西汉中城固，1985-Ⅰ-4，李金肪；7♀♀，1986-Ⅵ-7，李金肪；11♀♀，陕西汉中武乡镇，1989-Ⅴ-17；15♀♀，陕西镇巴，1973-Ⅴ-30，周尧；2♀♀，陕西宁强，1973，周尧；9♀♀，广东广州，1973-Ⅲ，周尧；7♀♀，1988-Ⅷ-15，袁忠林；6♀♀，湖南长沙，1973-Ⅱ，周尧。

[寄主] 柑橘，榕树，常春藤，黄槿，胡颓子，冬青卫矛，桂花，夹竹桃，铁杉，枇杷。

[分布] 中国（台湾、云南、广西、广东、陕西、四川、湖南等），夏威夷群岛，蒙古，菲律宾，日本。

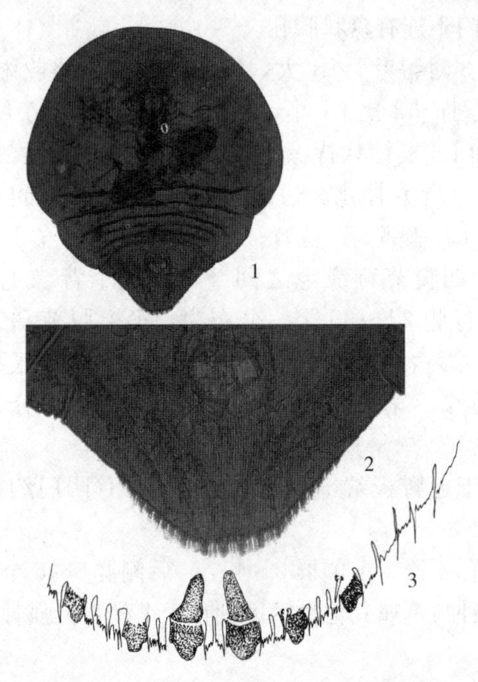

图 4-13 楠刺圆盾蚧 *Octaspidiotus stauntoniae*（Takahashi，1933）（♀）
1. 成虫体 2. 臀板 3. 臀板末端

云南刺圆盾蚧 *Octaspidiotus yunnanensis*（Tang et Chu，1983）

Metaspidiotus yunnanensisi Tang et Chu，1983：（Type locality：China）

Octaspidiotus yunnanensis；Tang，1984.

［雌介壳］圆或椭圆形，黄白色，蜕皮淡黄，位于介壳中央位置。直径为 2～2.5mm。

［雄介壳］圆或椭圆形，直径约为 1mm。

［雌成虫］体倒梨形，长约 1.15mm，宽约为 0.93mm。表皮除臀板外均膜质。触角小，间隔远，各具 1 细的刚毛。前后气

门不连有盘状腺孔。

臀板突出，臀叶 3 对，L1 大，L1 两叶间距约为每半叶宽度，内外侧均具浅缺刻；L2 和 L3 比 L1 小，L3 小于 L2，仅外侧具缺刻。臀栉发达，L1 间 2 个，L1 和 L2 间 2 个，L2 和 L3 间 3 个，其中最外一个狭于其他两个，L3 外臀栉 7 个，均发达各具长栉齿。L2 和 L3 上披针状背缘毛短于臀叶。臀板背面大腺管总数为 60～72 个。腹节背小腺管每侧约 4 个。

肛门位于近臀板端部 1/3 处，椭圆形；阴门约在臀板中央位置。

围阴腺 4 群，前侧群 7～11 个，后侧群 3～8 个。

注：本种近似于 *O. tamarindi*，但是本种背腺管明显比后者多。

［观察标本］9♀♀，云南昆明呈贡，2006-Ⅶ-27，张凤萍。

［寄主］油杉。

［分布］中国（云南）。

胡颓子刺圆盾蚧 *Octaspidiotus pungens* sp. nov.（图 4-14）

［雌介壳］无。

［雄介壳］无。

［雌成虫］体倒梨形。表皮除臀板骨化外仍然保持膜质。体长 1.00～1.52mm，宽 0.85～0.98mm。触角小，具 1 毛，前后气门均无盘状腺孔。

臀板突出，臀叶 3 对，同形，马蹄状，无内外缺刻。L1 两叶之间的距离小于每个 L1 的一半。L1 两侧均无明显缺刻；L2 与 L1 相似，但小，两侧无明显缺刻；L3 与 L1 和 L2 相似，更小，两侧亦无明显缺刻。L2 和 L3 背面的缘毛均长于臀叶。臀栉与臀叶等长或微微长于臀叶，L1 之间 2 个，端部多分叉；L1 和 L2 之间 2 个，端部多分叉；L2 和 L3 之间 3 个，端部多分叉；L3 外 6 个，内侧的齿稍长于外侧的齿。背腺管总数为 50～56

个，L1 和 L2 间 1 个，开口位于肛门与 L1 基部 2/3 之间；L1 和 L2 之间 5～7 个，排成 2 排；L2 和 L3 之间 6～8 个，排成一排；L3 外 16～18 个。腹腺管小，分布少。基部自由腹节背缘小管少，3～4 个。

肛门开口位于臀板端部约 1/3 处；阴门位于臀板中央位置。

围阴腺孔无。

注：新种与双管刺圆盾蚧 *O. bituberculats* Tang，1984 相似，但是可以通过以下几点区分：①新种无围阴腺孔，而后者围阴腺孔有；②新种基部四腹节每侧各有背缘小管 17～20 个，而后者基部四腹节背缘小管少，3～4 个。

［观察标本］正模：♀，上海南翔古漪园，1980-Ⅳ-14；副模，4♀♀，上海南翔古漪园，1980-Ⅳ-14。

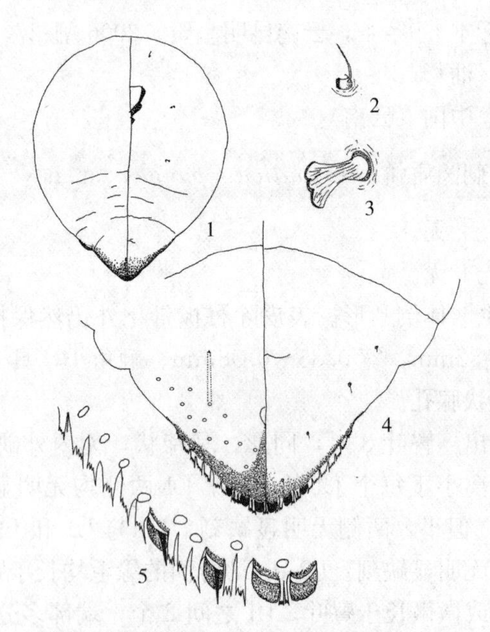

图 4-14　胡颓子刺圆盾蚧 *Octaspidiotus pungens* sp. nov.（♀）
1. 成虫体　2. 触角　3. 气门　4. 臀板　5. 臀板末端

［寄主］胡颓子。

［分布］中国（上海）。

［词源］新种种名来源于寄主植物的种名。

蔷薇刺圆盾蚧 *Octaspidiotus australiensis* Kuwana，1933 rec. nov.（图 4-15）

Aspidiotus australiensis Kuwana，1931：652.（Type locality：Australia）

Octaspidiotus australiensis；Borchsenius，1966：272.

［雌成虫］表皮除臀板外仍然膜质。体长 1.23～1.64mm，宽 0.85～7.02mm。触角 1 毛，前后气门均无盘状腺孔。

臀板末端有 3 对臀叶。L1 紧靠，两臀叶之间距离狭窄；臀叶相互不对称，侧缘有深缺刻；L2 和 L3 外侧具缺刻。披针状背缘毛发达，超过臀叶顶端；L2 基外角腹面背缘毛强壮。L1 间臀栉 2 个，微微缨状；L2 和 L3 之间 3 个臀栉，窄，端部肉状突；L3 外侧有 7～8 个臀栉，都很发达，端部毛状。背腺管总数为 41～65 个，L1 之间 1 个，直达肛门后缘。第三腹节基节有时分布一些腺管，8～29 个。臀前腹节分布有大量腹腺管。

肛门纵径大于 L1 长，到 L1 基部的距离约为其纵径的 3 倍；阴门在肛门前。

围阴腺孔 4 群，前侧群 6～15 个，后侧群 5～11 个。

注：本种与本属中 *O. machili* 接近，但是本种中 L1 两臀叶紧靠，之间的距离相当窄，而后者两臀叶之间的距离至少等于一个臀叶的宽度。

［观察标本］7♀♀，广东鼎湖山，1963-Ⅵ-4，周尧；4♀♀，上海，1956-Ⅺ-29。

［寄主］蔷薇，南洋杉，桑，紫金牛，山茶。

［分布］中国（广东、上海、台湾），澳大利亚，巴布亚新几内亚，所罗门群岛，美国，印度，尼泊尔，菲律宾。

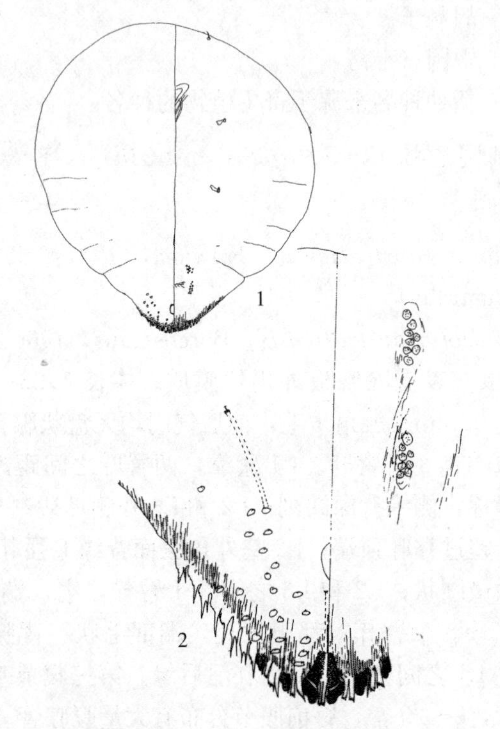

图 4-15　蔷薇刺圆盾蚧 *Octaspidiotus australiensis* Kuwana，1933 rec. nov.（♀）

1. 成虫体　2. 臀板

4. 宽角圆盾蚧属 *Oceanaspidiotus* Takagi，1984

Oceanaspidiotus Takagi，1984：16. Type species：*Octaspidiotus araucariae* Adachi et Fullaway，by original designation.

［模式种］*Octaspidiotus araucariae* Adachi et Fullaway，1953

［雌成虫］表皮除臀板外仍然保持膜质。臀板有 3～4 个臀叶。L1 发达，紧靠，臀叶基部无延伸到臀板内的骨化斑；侧臀叶形状大小多变，L4 若存在，小而且尖。臀栉发达；L1 间 2 个，窄，端部缨状或相对简单；其他臀栉端部缨状或呈尖突起。

L2 和 L3 基部的背缘毛粗，基部或亚基部最宽，一般顶端尖。臀板背面有 3 对清晰的节间沟，大部分背腺管分布在这些节间沟内，中间沟内的背腺管短，开始于 L1 和 L2 之间。背腺管细长，不呈丝状，管口具 1 椭圆形骨化环。第 1～3 腹节有一些更短的背腺管，沿边缘分布。

肛门开口位于臀板亚端或更朝前。

围阴腺孔存在或缺失。

注：本属与 *Octaspidiotus* 近似，主要区分在于 L2 和 L3 背缘毛形状不同。

[分布] 澳洲区，新北区，新热带区，古北区，东洋区，非洲区。

本属全世界分布 6 种，中国分布 2 种，其中 1 新种。

分种检索表

1 L1 基部不轭连，臀板背腺管 31～50 个 ……………………………… 隔宽角圆盾蚧 *O. spinosus* Comstock

L1 基部轭连，臀板背腺管 22～25 个 ……………………………… 上海宽角圆盾蚧 *O. shanghaiensis* sp. nov.

隔宽角圆盾蚧 *Oceanaspidiotus spinosus* Comstock，1883

Aspidiotus spinosus Comstock，1883：70. T（Type locality：USA）

Aspidiotuspersearum Cockerell，1898：240. Synonymy by Ferris，1938：190.

Acanthaspisiotus borchsenii Takagi et Kawai，1966：116. Synonymy by Takagi，1984：18.

Oceanaspidiotus spinosus，Takagi，1984：18.

[雌介壳] 圆形，稍微隆起；蜕皮位于介壳中心位置。直径 1.0～1.5mm。

［雌成虫］体梨形，表皮除臀板外仍然保持膜质。体长0.75～1.2mm，宽0.5～0.9mm。触角具1毛，前后气门均无盘状腺孔。

臀板有3对发达的臀叶，L1相当大且突出，每侧有1清晰的缺刻；基部骨化清晰可见。L2形状和大小多变：一些种中相当发达，顶端阔，每侧有1缺刻；其他一些种中退化为突起；在这两个极端中有变化间隔。当L2发达的种中，L3相当发达，膜质；在L2不发达时，L3形状多变。第五至第七腹节背腺管和第七腹节稍微扩大；特别在第七腹节背面和腹面的腺管相当突出；L2和L3部分的边缘毛更大。臀栉发达，L1间2个，细长，端部微微缨状；L1和L2间2个，缨状，稍微超过L1顶端；L3外侧5～6个，刺状或有穗边。背腺管总数为31～50个，L1间1个边缘腺管。腹小腺管沿体缘分布于臀前区域，同时也分布有短的背腺管。

肛门小，圆形，其纵径小于L1的宽度，位于臀板近端部1/4处。

围阴腺孔4群，前侧群2～8个，后侧群2～5个。

［观察标本］4♀♀，江苏南京，2009-Ⅷ-3，郭宏伟。

［寄主］山茶，葡萄，油桐，无花果，木兰，樟树，玫瑰，覆盆子，卫矛。

［分布］中国（江苏），科摩罗群岛，马达加斯加，莫桑比克，南非，坦桑尼亚，墨西哥，美国，巴哈马斯，巴西，智利，哥伦比亚，哥斯达黎加，古巴，多米尼克，秘鲁，乌干达，尼泊尔，阿尔及利亚，亚速尔群岛，埃及，以色列，意大利，日本，西班牙，叙利亚，土耳其，英国。

上海宽角圆盾蚧 *Oceanaspidiotus shanghaiensis* sp. nov.（图4-16）

［雌介壳］无。

［雄介壳］无。

［雌成虫］体近圆形或梨形，正模体长 1.41mm，宽约为 1.33mm。表皮除臀板外仍然保持膜质。触角具 1 刚毛，前后气门均无盘状腺孔。

臀板末端有 3 对发达的臀叶，L1 大，强壮，基部轭连，两臀叶端部向身体中轴倾斜，端部平，内侧无缺刻，外侧有两个浅缺刻，基部骨化；L2 比 L1 稍小，基部略收缩，内侧缺刻浅，外侧有一深缺刻；L3 与 L2 几乎一样大，内侧有一浅缺刻，外侧缺刻深；L4 不可见。臀板缘毛相当长，远长于臀叶。臀栉发达，均长过臀叶，L1 间 2 个，端部尖；L1 和 L2 之间 2 个，端部缨状；L2 和 L3 之间 3 个，端部缨状；L3 外侧 6 个臀栉，宽，端部均缨状。L2 和 L3 基部的背缘毛宽，长于臀叶。背腺管发达，数量少，管口圆形，微微骨化，L1 之间 1 个，直达肛门开口处；L1 和 L2 之间 3 个，L1 和 L2 之间 3 个，排成 1 斜列，L2 和 L3 之间 6 个，排成一斜列，L3 外分布 4～5 个。第 1～3 腹节均有少量的背腺管分布，比臀板上的背腺管短，每节 5～7 个。腹面腺管少。

肛门开口位于臀板近末端 1/5 处，肛门圆，直径小于 L1 宽。

围阴腺孔 4 群，前侧群 6～8 个，后侧群 5～7 个。

注：本种与我国已知种 *O. spinosus* 的主要区别在于新种 L1 基部轭连，而后者分开；新种的背腺管数量远少于后者。

［观察标本］正模：♀，上海，1973-Ⅲ-21，周尧；副模，3♀♀，同正模。

［寄主］珊瑚树（法国冬青）。

［分布］中国（上海）。

［词源］本种种名来源于模式产地“上海”。

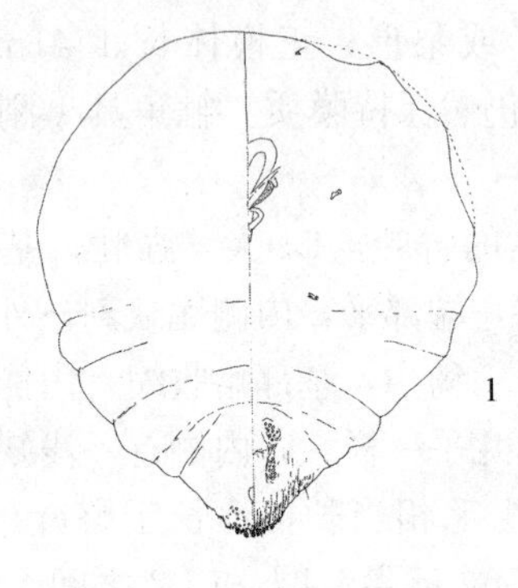

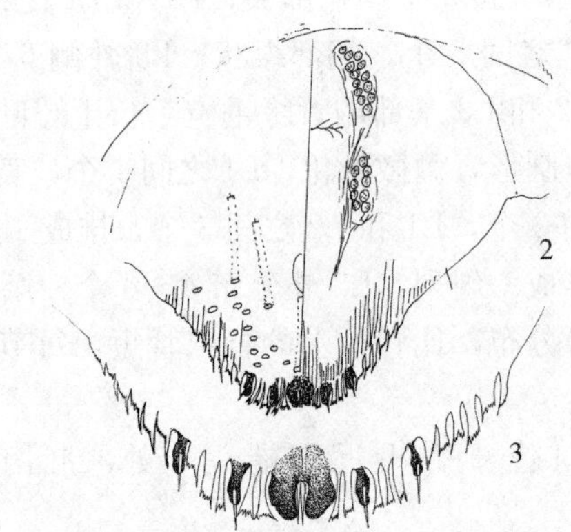

图 4-16 上海宽角圆盾蚧 *Oceanaspidiotus shanghaiensis* sp. nov.（♀）

1. 成虫体 2. 臀板 3. 臀板末端

5. 腺圆盾蚧属 *Crassaspidiotus* Takagi, 1969

Crassaspidiotus Takagi, 1969a, 89. Type species: *Crassaspidiotus takahashi* Takagi, by original designation.

［模式种］ *Crassaspidiotus takahashii* Takagi, 1969.

［雌成虫］ 体梨形，臀板突出。表皮全骨化，臀板背面的节间沟非膜质。触角小，两个触角间距离分开远，每个具 1 毛。气

门无盘状腺孔。

臀板末端臀叶 3 对，发达，与体中轴平行，3 对臀叶大小形状相同。臀栉发达；叶间的臀栉发达，端部毛状；L3 外侧的臀栉宽，外侧边缘斜毛状，没有任何特别长或者棒状突起。臀板边缘毛正常。臀板背面背腺管细长，管口椭圆形；亚缘背腺每侧形成 3 个长的、有点倾斜的沟，中间沟数量多，侧面的沟 2 个。

肛门开口趋于臀板中央。

围阴腺孔存在。

注：本属可以从以下特征与其他属分开：①表皮全骨化；②臀板所有臀叶形状大小相同；③亚缘背腺管每侧分 3 列；④肛门位于臀板中央。此属接近 *Octaspidiotus*，但是可以从臀板边缘毛形状正常、不粗大或者形成披针状区分。

［分布］东洋区。

本属全世界分布 1 种，中国分布 1 种。

铁杉腺圆盾蚧 *Crassaspidiotus takahashii* Takagi，1969

Crasspidiotus takahashii Takagi，1969a：89.（Type locality：China）

Dynaspidiotus takahashii；Chou，1985：401.

Crassaspidiotus takahashii；Tao，1999：82.

［寄主］苏铁。

［分布］中国（台湾）。

6. 等角圆盾蚧属 *Dynaspidiotus* Thiem et Gerneck，1934

Dynaspidiotus Thiem et Gerneck，1934：231. Type species：*Aspidiotus britannicus* Newstead，by original designation.

Nuculaspis Ferris，1938：250. Synonymy by Danzig，1993：149.

Ephedraspis Borchsenius，1949：738. Synonymy by Danzig，1993：149.

Tsugaspisiotus Takahashi et Takagi，1957：32. Synonymy by Danzig，1993：149.

Dynaspidiotus；Chou，1985：281.

［模式种］*Aspidiotus britannicus* Newstead，1896.

［雌介壳］圆形，扁平；蜕皮不位于介壳中央位置；灰色或褐色。

［雄介壳］椭圆形，蜕皮位于介壳末端。

［雌成虫］体梨形或阔梨形。触角呈小突起，上有1刚毛。前后气门无盘状腺孔。

臀板有3对发达臀叶，大小略等，等距离排列；L1对称，L2和L3对称或不对称；L4没有或退化或锯齿状或为突起。臀栉发达，中臀栉及侧臀栉发达，阔，和臀叶一样长，端部有细齿；外臀栉同样构造，通常较阔，有时刺状。厚皮棍只存在于第七和第八腹节之间，不明显。腺管单栓式；背腺管多，在臀板排成斜列；管一般长，圆柱形，管口椭圆形。

肛门和L1宽度一样大或稍大，位于臀板近端部1/3到1/4处；阴门位置多变。

围阴腺孔有或没有。

［分布］非洲区，新北区，古北区，新热带区。

本属全世界分布25种，中国分布3种。

分种检索表

1 臀板中央位置有表皮结……………冷杉等角圆盾蚧 *D. meyeri*（Marlatt）

　臀板中央位置无表皮结………………………………………………… 2

2 臀叶端部圆形 ……… 坎帕尼亚等角圆盾蚧 *D. degeneratus*（Leonardi）

　臀叶均呈方形 ……………………………………………………………

　…………………… 云杉等角圆盾蚧 *D. piceae*（Tang，Hao，Shi et Tang）

坎帕尼亚等角圆盾蚧 *Dynaspidiotus degeneratus* (Leonardi, 1896)(图 4-17)

Chrysomphalus degeneratus Leonardi, 1896: 345. (Type locality: Italy)

Abgrallaspis degeneratus; Balachowsky, 1948: 317.

Dynaspitiotus degeneratus; Borchsenius, 1950: 225.

Dynaspitiotus degeneratus; Danzig, 1993: 151.

［雌介壳］正圆形，微微隆起，淡褐色；蜕皮位于介壳中心位置。直径 1.5mm。

［雄介壳］椭圆形，色泽和质地与雌介壳相同。

［雌成虫］体倒梨形，表皮膜质。体长 0.9～1.24mm，宽 0.8～1.03mm。触角瘤状，具 1 毛。前后气门均无盘状腺孔。

臀板短，阔，臀板末端有 3 对臀叶，形状相似，每侧各有一缺刻，末端圆形；L1 最大，L2 较小，L3 比 L2 小，有时呈一三角形突出。每个臀叶基内角和基外角各有一小的厚皮棍。臀栉发达：L1 间 1 对，窄而端部分叉；L1 和 L2 间 2 个，内侧一个狭窄而外侧梳状，外侧一个较阔，分两枝，端部分叉；L2 和 L3 间 3 个，内侧 2 个外侧梳状，外侧一个分支而端部分叉；L3 外侧 3～4 个，小而简单。背腺管细长，多数，在臀板上排成 4 列。臀前腹节亚缘有背腺管分布。

肛门接近臀板末端；阴门位于臀板中央位置。

围阴腺孔 4 群，前侧群 2～3 个，后侧群 3～4 个。

［观察标本］3♀♀，浙江宁波红旗苗圃，1983-Ⅰ-31，1♀，上海市林业站；2♀♀，四川青城县，1939-Ⅳ-1。

［寄主］冬青，木樨属，桂花，柑橘，铃木。

［分布］中国（四川、浙江、上海、湖南），希腊，日本，朝鲜，葡萄牙。

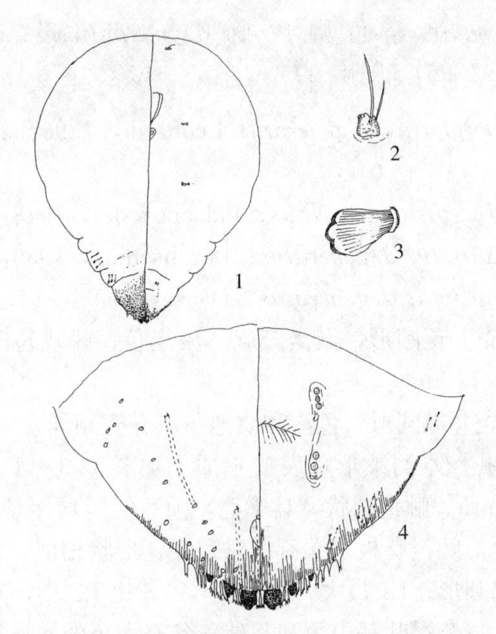

图 4-17　坎帕尼亚等角圆盾蚧 *Dynaspidiotus degeneratus* (Leonardi，1896)(♀)

1. 成虫体　2. 触角　3. 气门　4. 臀板

冷杉等角圆盾蚧 *Dynaspidiotus meyeri*（Marlatt，1908）

Aspidiotus meyeri Marlatt，1908：13.（Type locality：China）

Dynaspidiotus meyeri；Borchsenius，1966：283.

[寄主] 冷杉。

[分布] 中国（北京）。

云杉等角圆盾蚧 *Dynaspidiotus piceae*（Tang，Hao，Shi et Tang，1991）

Tsugaspidiotus piceae Tang，Hao，Shi et Tang，1991：460.（Type locality：China）

Dynaspidiotus piceae (Tang, Hao, Shi & Tang, 1991); Ben-Dov, 2003.

[雌介壳] 椭圆形或长椭圆形，蜕皮黄色，位于介壳中央位置。直径约1.53mm。

[雄介壳] 质地、色泽与雌介壳一致。

[雌成虫] 表皮膜质，不强骨化。体长0.95～1.00mm，触角具1毛。前后气门均无盘状腺孔。

臀板小而缩入，宽短而微微骨化。臀板末端有3对臀叶，均呈方形，其内外各一缺刻，各基角有明显的槌状厚皮棍；L2到L3逐渐减小，叶间距离大，其间有定型刷状臀栉，L3外侧细长刺状，L4不可见，无痕迹。背腺管分布集中在边缘区和亚缘区，向前直达后胸，亚中小管在臀前腹节亚中区，稀疏存在；L1间有1背腺管，长不及肛门后缘，L1和L2之间5～7个，L2和L3间4～8个，L3与第四腹节缘毛之间分2列，共约10个；第四腹节缘毛外3～5个；第1～3腹节各分布7～8个。

肛门大而近臀板端部，肛后沟明显；阴门位于臀板中央位置。

围阴腺孔变化多，2～5群，中群1～4个，前侧群2～3个，后侧群0～3个。

[观察标本] 17♀♀，广西北海火车站，2010-Ⅷ-2，张斌，魏久锋。

[寄主] 云杉，苏铁。

[分布] 中国（山西、广西）。

7. 台湾圆盾蚧属 *Taiwanaspidiotus* Takagi, 1965

Taiwanaspidiotus Takagi, 1969: 72. Type species: *Aspidiotus shakunagi* Takahashi, by original designation.

[模式种] *Aspidiotus shakunagi* Takahashi, 1935.

[雌成虫] 触角两个相互分开，具1毛。前后气门均无背腺

管。体窄梨形或倒卵形，臀板突出。臀板背面的表皮均匀骨化，没有明显的膜质节间沟。臀板有3对臀叶，L1大，相互接近。臀板和第六腹节之间的臀栉发达，但在第六腹节间的臀栉退化，L1间的臀栉相当细，L1和L2间2个，L2和L3间3个，顶端毛状。臀板上的背腺管长，管口椭圆形，外侧一细长骨化环；第七和第八腹节亚缘背腺管少，第五和第七腹节有一些背腺管。

肛门纵径椭圆形，位于臀板后端1/3处。

模式种中围阴腺孔存在。

注：此属的模式中接近 *Aspidiotus*，但是可以明显区别后者，主要区别在于：①前者体型较后者窄；②本种背面臀板表皮完全骨化，而后者微微骨化；③第五腹节的臀栉退化，而后者有。

［分布］东洋区。

本属全世界分布2种，中国分布2种。

分种检索表

1 臀板有厚皮棍………杜鹃台湾圆盾蚧 *T. Shakunagi*（Takahashi，1935）

臀板无厚皮棍………………………栲台湾圆盾蚧 *T. yiei* Takagi，1965

杜鹃台湾圆盾蚧 *Taiwanaspidiotus shakunagi*（Takahashi，1935）

Aspidootus shakunagi Takahashi，1935：32.（Type locality：China）

Taiwanaspidiotus shaunagi；Takagi，1969：72.

［寄主］杜鹃花。

［分布］中国（台湾）。

栲台湾圆盾蚧 *Taiwanaspidotus yiei* Takagi，1965

Taiwanaspidotusyiei Takagi，1965：75.（Type locality：China）

［寄主］栲树。

［分布］中国（台湾）。

8. 圆盾蚧属 *Aspidiotus* Bouché, 1833

Aspidiotus Bouché, 1833: 152. Type species: *Aspidiotus nerii* Bouché, Subsequently designated by Leonardi, 1897: 285. Notes: *Aspidiotus* was also described as new by Bouché (1934): 9.

Aspidiotus (*Evaspidiotus*) Leonardi, 1898: 74.

Brainaspis MacGillivray, 1921: 390. Synonymy by Lindinger, 1937: 181.

Temnaspidiotus MacGillivray, 1921: 387.

［模式种］*Aspidiotus nerii* Bouché, 1833

［雌成虫］体阔梨形。表皮在臀前区域仍然保持膜质（除了种 *A. capensis* Newstead）；臀板背面的沟仅在第六和第七腹节产生，并扩展到第七腹节以前。触角间隔远，每个具1毛。前后气门均无盘状腺孔。

臀板具有3对发达的臀叶，均与身体的纵轴平行；没有L4。L1长等于宽，或稍长，强骨化，外侧或两侧亚缘端具有齿刻，在一些种中，缺刻在深凹中，将臀板顶端切为方形，每侧与L2的基部接近；每个L1的臀叶连接有一个清晰的骨化延伸。L2和L3骨化程度比L1小，外侧通常有一个深的缺刻。臀栉发达，其分布可以延伸至第五腹节；在第五和第六节间的无棒状突起，大多数种类中臀板侧缘分布的臀栉顶端毛状。臀板边缘无硬化棒。臀板边缘的毛非披针状；一些种类中L1基外角背缘毛很长。背腺管长度多变，至少在第六和第七、第七和第八腹节形成节间沟；在一些种类中比较分散。

肛门开口明显，接近臀板顶端；阴门位置多变。

围阴腺孔存在，4或5群。

［分布］古北区，东洋区，新北区，澳洲区，非洲区，新热带区。

本属全球分布 97 种，中国分布 14 种，其中 2 新种。

分种检索表

1 有围阴腺孔………………………………………………………………… 2
无围阴腺孔……………………………… 中央圆盾蚧 *A. sinensis*（Ferris）
2 L1 端部明显超过 L2 ……………………………………………………… 3
L1 端短于 L2……………………………………………………………… 10
3 L3 外侧臀栉不超过 8 个……………………………………………………4
L3 外侧臀栉超过 8 个………… 安宁圆盾蚧 *A. anningensis* Tang et Chu
4 L3 外侧臀栉 8 个……………………………………………………… 5
L3 外侧臀栉不超过 7 个…………………………………………………7
5 肛门开口与 L1 基部的距离约为其纵径的 2 倍……………………………6
肛门开口 L1 基部的距离不超过肛门纵径的 2 倍…………………………
……………………………………………… 透明圆盾蚧 *A. destructor* Signoret
6 背腺管总数不超过 18 个…………… 太原圆盾蚧 *A. taiyuanensis* sp. nov.
背腺管总数不少于 20 个………… 柳杉圆盾蚧 *A. cryptomeriae* Kuwana
7 围阴腺孔 5 群 ………………… 汤氏圆盾蚧 *A. tangfangtehi*（Ben-Dov）
围阴腺孔 4 群……………………………………………………………… 8
8 臀栉在 L1 间的端部分叉……………………………………………………… 9
臀栉在 L1 间的端部尖……………… 宁波圆盾蚧 *A. ningboensis* sp. nov.
9 背腺管短，只分布在亚缘区……………………圆盾蚧 *A. nerii* Bouche
背腺管长，亚缘区和边缘均有分布 ……………………………………
……………………………中华圆盾蚧 *A. chinensis* Kuwana et Muramatsu
10 L3 外侧臀栉超过 8 个………… 樟树圆盾蚧 *A. beilschmiediae*（Takagi）
L3 外侧臀栉不超过 8 个 ………………………………………………… 11
11 肛门开口与 L1 基部的距离超过其纵径的 2 倍 ……………………… 12

肛门开口与 L1 基部的距离不超过其纵径的 2 倍 ························ 13

12　肛门纵径约为 L1 长的 2 倍，肛门开口与 L1 基部的距离为其纵径的 4 倍······································橡胶圆盾蚧 *A. taraxacus* (Tang)

肛门纵径与 L1 长度相当，肛门开口与 L1 基部的距离为其纵径的 3 倍·································· 山茶圆盾蚧 *A. japonicus* (Takagi)

13　L1 外基角毛超过 L1 顶端·· 14

L1 外基角毛绝不超过 L1 顶端······ 荚蓬圆盾蚧 *A. watanabei* (Takagi)

14　L1 之间边缘腺管开口直达肛门边缘········· 石甘圆盾蚧 *A. pothos* Takagi

L1 之间边缘腺管开口在 L1 基部与肛门开口中央位置················· 15

15　L1 两侧均有缺刻···························· 飞蓬圆盾蚧 *A. excisus* (Green)

L1 只外侧有缺刻···························· 球兰圆盾蚧 *A. hoyae* (Takagi)

安宁圆盾蚧 *Aspidiotus anningensis* Tang et Chou，1983

Aspidiotus anningensis Tang et Chou，1983：302.（Type locality：China）

[雌介壳] 圆形，薄，蜕皮黄色。直径 1.55～2.24mm。

[雌成虫] 雌体倒梨形。体长 1.32～1.54mm，宽 0.87～1.22mm。触角具 1 毛，前后气门均无盘状腺孔。

臀叶 3 对，L1 长于 L2，L1 两侧均有缺刻，L2 外 1 缺刻，L3 与 L2 相似，稍小。背腺管细长，分布为：L1 间 1 个，长度远离肛门后缘，L1 和 L2 间 4 个，L2 和 L3 间 12～14 个，排成 2 列，此外，第五腹节 13～14 个，排成不规则 3 列，第四腹节 4～5 个。臀栉刷状，L1 间 1 对，L1 和 L2 间 1 对，L2 和 L3 间 3 个，L3 外侧 9 个。臀前腹节无背腺。

肛门椭圆形，长径约为 L1 长的 2 倍，位于臀板中央往后；阴门约位于臀板中央。

围阴腺孔 4 群，前侧群 21～29 个，后侧群 13～18 个。

[观察标本] 3♀♀，云南西双版纳，2006-Ⅷ-2，王云；4♀♀，云南昆明，2006-Ⅷ-26，张凤萍；8♀♀，云南丽江，

2009-Ⅷ-8，王芳。

［寄主］松树。

［分布］中国（云南），日本。

樟树圆盾蚧 *Aspidiotus beilschmiediae*（Takagi，1969）

Aspidiotus beilschmiediae Takagi，1969：67.（Type locality：China）

Temnaspidiotus beilschmiediae；Chou，1985：399. Synonymy by Ben-Dov，2003.

［寄主］樟树。

［分布］中国（台湾），日本。

柳杉圆盾蚧 *Aspidiotus cryptomeriae* Kuwana，1902（图 4-18）

Aspidiotus cryptomeriae Kuwana，1902：69.（Type locality：Japan）

Aspidiotus cryptomeriae；Chou，1982：267.

［雌介壳］圆形或椭圆形，微微隆起，灰色；蜕皮位于中心位置。直径 1.52～2.30mm。

［雄介壳］长卵形，质地与雌介壳一样。蜕皮位于介壳亚中心位置。

［雌成虫］体圆形或椭圆形。长 1.1～1.5mm，宽 0.9～1.3mm。触角有 1 弯曲的毛。前后气门均不连有围阴腺孔。

臀叶 3 对，同大同形。L1 长于 L2，L1 间距窄于 L1 单叶的宽度，长大于宽，顶端圆，外侧具 1 缺刻；L2 和 L3 基部稍微收缩，缺刻同 L1；L3 外侧有 8 个臀栉，这些臀栉往第四腹节趋向退化。L1 外侧的背缘毛不特别长。背腺管一般长度，边缘腺管分布：L1 间 1 个边缘腺管直达肛门，L1 和 L2 间 1 个，L2 和 L3 间 2 个，L3 外 5 个。亚缘背腺管分布：第七和第八腹节之间 2～4 个，第六和第七腹节的节间沟内 5～8 个，第五和第六腹节节间沟内 3～7 个，第六腹节分布有 1～2 个。

肛门纵径的长度大约是 L1 长度的 2 倍，与 L1 的距离约为其纵径的 2 倍；阴门位于近臀板基部 1/3 处。

围阴腺孔 4 或 5 群，中群有或无（若有，4～7 个盘状腺孔），前侧群 8～14 个，后侧群 6～9 个。

［观察标本］7♀♀，云南昆明，1974-Ⅶ-4；3♀♀，上海，1956-Ⅺ-29；1♀，1980-Ⅳ，上海。

［寄主］柳杉，油松，铁杉，云杉，红豆杉，粗榧，柏树。

［分布］中国（山东、云南、台湾、上海），美国，日本，俄罗斯，韩国。

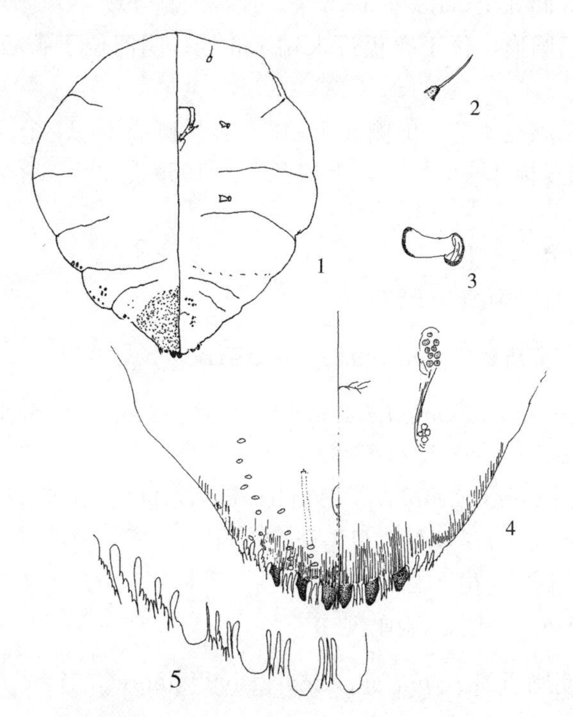

图 4-18　柳杉圆盾蚧 *Aspidiotus cryptomeriae* Kuwana，1902（♀）
1. 成虫体　2. 触角　3. 气门　4. 臀板　5. 臀板末端

中华圆盾蚧 *Aspidiotus chinensis* Kuwana et Muramatsu，1931

Aspidiotus chinensis Kuwana et Muramatsu，1931：335. (Type locality：China)

[雌介壳] 长方形，棕褐色；蜕皮近似中心，长2mm，宽1mm。

[雌成虫] 体圆形或椭圆形。体长1.2～1.43mm，宽0.67～0.79mm。触角退化，有1长而直的刚毛。前后气门均无盘状腺孔。

臀叶3对，发达。L1长过于宽，两侧平行，顶端圆形，L2与L1相似，小，L3更小，略呈圆锥状，外侧有一不明显缺刻。臀栉发达，长于臀叶，L1间1对，L1和L2间2个，端部分叉，L2和L3间3个，L3外5～6个，顶端外侧分歧。

肛门圆形，位于臀板近末端1/3处；阴门位于臀板近基部1/3处。

围阴腺孔4群，前侧群6～12个，后侧群6～11个。

[观察标本] 5♀♀，上海松江，1959-Ⅺ-29；3♀，上海，1986-Ⅳ。

[寄主] 兰花。

[分布] 中国（上海）。

兰花圆盾蚧 *Aspidiotus cymbidii* Bouché，1844

Aspidiotus cymbidii Bouché，1844：296. (Type locality：Germany)

Aspidiotus cymbidii；Borchsenius，1966：369.

此种与 *nerii* 相似，只是介壳不同。

[寄主] 兰花。

[分布] 中国，德国。

透明圆盾蚧 *Aspidiotus destructor* Signoret，1869

Aspidiotus destructor Signoret，1869：120. (Type locality：Réunion island)

Aspidiotus destructor Signoret，1869：851.

Aspidiotus transparens Green，1890：20. Synonymy by Green，1910：201.

Terminalia catappa. Synonymy by Ferris，1941：43.

Aspidiotus destructor；Chou，1985：269.

Aspidiotus destructor；Williams et Watson，1988：53.

［雌介壳］麦色，介壳平坦；蜕皮位于介壳中心。直径1.56～2.43mm。

［雄介壳］长，颜色和质地与雌介壳相似。

［雌成虫］体圆形或卵圆形。体长1.08～1.53mm，宽0.67～1.21mm。触角具1长毛，前后气门均无盘状腺孔。

L1间距约为其一个臀叶宽度的一半，每个中臀叶长约为宽的2倍，向顶端逐渐稍微变窄，两侧均具缺刻，顶端侧缘稍微向外倾斜。L1和L2在不同地区的大小多变。L2与L1一样宽，基部收缩，外侧一深缺刻。L3与L2相似，稍小。臀栉发达，超过臀叶，L3后8个，在第四腹节趋于退化。L1外侧基角毛细长。背腺管长度一般；L1间边缘腺管开口直达肛门，L1和L2间1个，L2和L3间2个，L3外3～4个；亚缘背腺管分布：第七和第八腹节1～2个，第六和第七腹节节间沟内3～6个，第五和第六腹节3～6个，第五腹节偶尔有1～2个分布。

肛门纵径约为L1长度的2倍，开口与L1的距离不超过肛门纵径的2倍；阴门位于臀板近基部约1/3处。

围阴腺孔4或5群，中群缺失（若有，1～3个盘状腺孔），前侧群5～14个，后侧群4～9个。

［观察标本］3♀♀，上海，1980-Ⅳ；4♀♀，海南文昌，1963-Ⅴ-5，周尧；3♀♀，海南岛那大，1963-V 周尧；6♀♀，云南昆明，1974-Ⅳ-15，袁锋；5♀♀，广东鼎湖山，1963-Ⅵ-4，周尧；3♀♀，云南勐海，1987-Ⅺ，李莉。

［寄主］柑橘，柠檬，苹果，梨，枇杷，枣，山楂，枸杞，

花椒，山茶，杧果，樱桃，梅，橄榄，菠萝，椰子，黄杨，冬青，桉树，常春藤，月橘，泡桐，棕榈，松树，柏树，忍冬，栀子花，鼠李，杜鹃花，牵牛花，石竹，芦荟，龙血树，莎草，马蹄莲，麻黄，龙舌兰，曼陀罗，仙人掌，婆婆纳，秋海棠，鸡蛋花，夹竹桃，卫矛。

[分布] 中国（台湾、山东、浙江、江西、云南、上海、海南、广东），安哥拉，贝宁湾，喀麦隆，厄立特里亚，埃塞俄比亚，加纳，肯尼亚，马达加斯加，莫桑比克，尼日利亚，塞内加尔，索马里，南非，坦桑尼亚，多哥，乌干达，津巴布韦，澳大利亚，密克罗尼亚联邦，斐济，帕劳群岛，墨西哥，美国，巴西，哥斯达黎加，多米尼克，厄瓜多尔，巴拿马，秘鲁，印度，印度尼西亚，爪哇，柬埔寨，蒙古，巴基斯坦，菲律宾，斯里兰卡，泰国，阿塞拜疆，埃及，以色列，日本，俄罗斯，沙特阿拉伯。

飞蓬圆盾蚧 *Aspidiotus excisus*（Green，1896）

Aspidiotus excisus（Green，1896）：53；Williams et Watson，1988：56.（Type locality：Sri Lanka）

Temnaspidiotus excisus；MacGillivray，1921：56. Synonymy by Ben-Dov，2003.

Aspidiotus excisus；Williams et Watson，1988：56.

[雌介壳] 隆起，不规则，边缘经常唇状；蜕皮黄色，接近中心位置。直径1.67～2.34mm。

[雄介壳] 小，长方形。

[雌成虫] 体圆形或卵圆形。体长1.02～1.53mm，宽0.86～0.98mm。表皮除臀板外均膜质。触角具1毛，前后气门均无盘状腺孔。

臀板阔，在L2之间有一个相当大的深凹。L1大，约为L2的2倍，顶端超过L2。L1两个臀叶的距离约为臀叶宽度的1/3，每个臀叶两侧均具缺刻，顶端外侧稍微倾斜，具微齿。L2 小于 L1，仍然突出，顶端圆。L3 比 L2 窄很多。臀栉比臀叶长，L3 外 6～8 个。L1 外基角的背缘毛长，超过臀叶顶端。第三腹节亚缘背腺管短，细；L1 基部与肛门中间有 1 个边缘背腺管；臀板每侧的边缘腺管和亚缘腺管 23～47 个。第二和第三腹节间有4～5 个小腺管。

肛门纵径长于 L1，到 L1 的距离约为其纵径的 2 倍；阴门位于臀板接近中央位置。

围阴腺孔 4～5 群，中群 1～7 个，前侧群 4～5 个，后侧群 5～10 个。

[观察标本] 3♀♀，云南大理，2005-Ⅶ-20，张凤萍。

[寄主] 漆树，细斑粗肋草，球兰，紫丹，番木瓜，椰子。

[分布] 中国（云南），斐济，帕劳群岛，巴布亚新几内亚，墨西哥，美国，哥伦比亚，哥斯达黎加，多米尼克，厄瓜多尔，格林纳达，危地马拉，圭亚那，牙买加，巴拿马，印度，印度尼西亚，蒙古，巴基斯坦，菲律宾，新加坡，斯里兰卡，泰国，日本。

球兰圆盾蚧 *Aspidiotus hoyae* Takagi，1969

Aspidiotus hoyae Takagi，1969：70.（Type locality：Sri Lanka）

Temnaspidiotus hoyae；Chou，1985：400. Synonymy by Ben-Dov，2003.

[寄主] 球兰。

[分布] 中国（台湾）。

圆盾蚧 *Aspidiotus nerii* Bouché，1833（图 4-19）

Diaspis obliquum Costa，1829：2.（Type locality：German）

Aspidiotus nerii Bouché，1833：52.

Aspidiotus nerii；Borchsenius，1966：261.

Aspidiotus paranerii Gerson in Gerson et Hazan，1979：281. Synonymy by Danzig，1993：145.

［雌介壳］扁平，圆形；土黄色，边缘白色；蜕皮位于介壳中心。直径 2.00～2.20mm。

［雄介壳］长 1.40mm，宽 0.30mm。

［雌成虫］体倒卵圆形或梨形，表皮除臀板外均膜质。体长 1.25～1.67mm，宽 0.83～1.02mm。触角侧面有 1 长毛，前后气门均无盘状腺孔。

臀叶 3 对，发达。L1 最大，超过 L2 顶端，L1 间距大于 L1 半宽，每侧均有 1 缺刻，基部有向内延伸的骨片；L2 较 L1 狭，外侧 1 缺刻，明显。L3 三角形，外侧有 1 缺刻。臀栉长于臀叶，发达，端部齿出，L1 之间 2 个，2 对位于 L1 和 L2 之间，L2 和 L3 之间 3 对，L3 外侧 6～7 个。背腺管短而多，分布在亚缘区，一直延伸到第二腹节。第八腹节 1 个，短，远离肛门。

肛门纵径明显短于 L1 长，开口于臀板近端部 1/3 处；阴门位于臀板近基部 1/3 处。

围阴腺孔 4～5 群，中群如果存在，少，1～2 个。

［观察标本］3♀♀，广西桂林市政府，2010-Ⅶ-27，魏久锋，张斌；2♀♀，山西农学院，1964-Ⅶ-27，周尧；3♀♀，甘肃敦煌，1964-Ⅵ-21，周尧，刘绍友；13♀♀，上海虹口公园，1956-Ⅸ-29；9♀♀，甘肃兰州，1973-Ⅳ-27，周尧。

［寄主］桂花，非洲茉莉，苏铁，葡萄，榆树，鹤望兰，虎耳草，茴香，茄子，无患子，杨树，柳树，假叶树。

［分布］中国（广西、山西、甘肃、上海、陕西），安哥拉，肯尼亚，马拉维，纳米比亚，南非，坦桑尼亚，乌干达，津巴布韦，澳大利亚，新西兰，墨西哥，美国，阿根廷，巴西，哥伦比亚，古巴，蒙古，斯里兰卡，埃及，法国，希腊，伊朗，以色列，意大利，日本，马耳他，摩洛哥，葡萄牙，罗马尼亚，俄罗斯，沙特阿拉伯，西班牙，叙利亚，土耳其，英国。

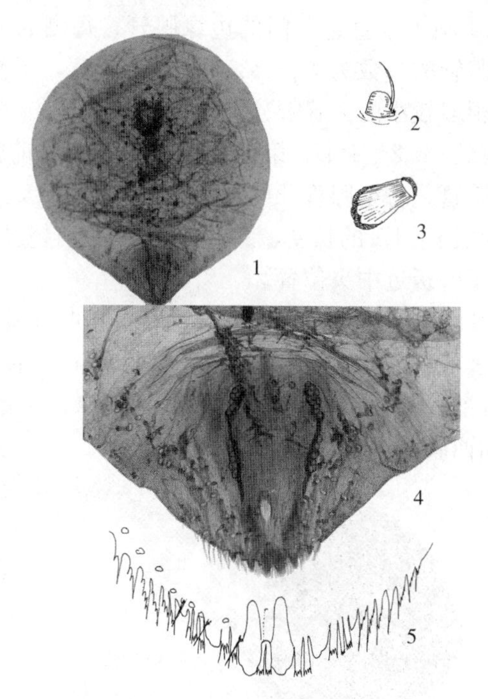

图 4-19 圆盾蚧 *Aspidiotus nerii* Bouché，1833（♀）
1. 成虫体 2. 触角 3. 气门 4. 臀板 5. 臀板末端

石甘圆盾蚧 *Aspidiotus pothos* Takagi，1969（图 4-20）

Aspidiotus pothos Takagi，1969：69.（Type locality：China）

［雌成虫］体卵圆形或圆形，体长 1.25～1.68mm，宽 0.83～0.95mm。触角具 1 毛，前后气门均无盘状腺孔。

臀板阔，末端具 3 对臀叶。L1 间距窄，顶端比 L2 顶端低，逐渐汇合或几乎平行，每个臀叶长大于宽，外侧具 1 缺刻；L2 几乎与 L1 一样大，或稍小，外侧具 1 缺刻；L3 与 L2 形状相似，稍小。臀栉发达，比臀叶长，L1 间的细，顶端不分叉；L3 外侧 8 个。L1 外基角背缘毛细长，超过 L1 顶端。臀板上的背腺

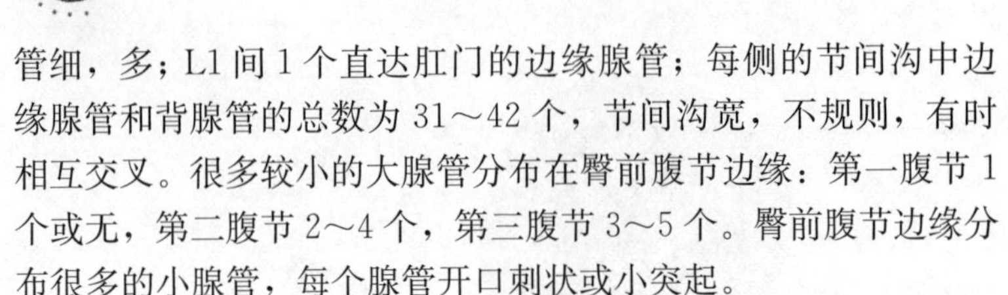

管细，多；L1 间 1 个直达肛门的边缘腺管；每侧的节间沟中边缘腺管和背腺管的总数为 31～42 个，节间沟宽，不规则，有时相互交叉。很多较小的大腺管分布在臀前腹节边缘：第一腹节 1 个或无，第二腹节 2～4 个，第三腹节 3～5 个。臀前腹节边缘分布很多的小腺管，每个腺管开口刺状或小突起。

肛门纵径长于 L1 的长度，到 L1 基部的距离超过其纵径的 2 倍；阴门位于臀板近中央位置。

围阴腺孔 4 群，前侧群 8～13 个，后侧群 4～9 个。

[观察标本] 2♀♀，上海，1956-Ⅺ-19；5♀♀，上海，1973-Ⅲ，周尧；4♀♀，1964-Ⅷ-11，山西太原，周尧，刘绍友；8♀♀，杭州西湖，2007-Ⅷ-27，魏久锋。

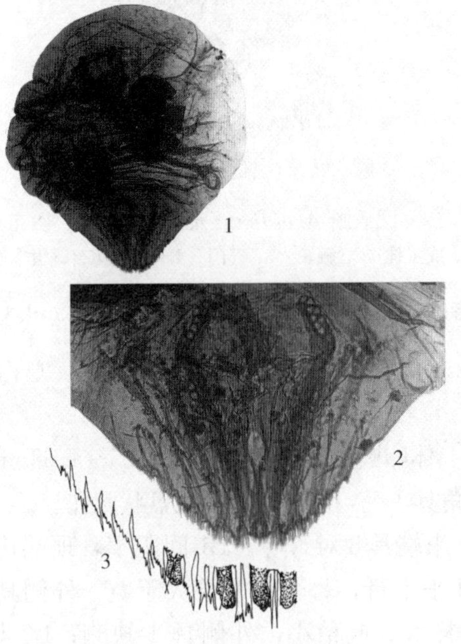

图 4-20 石甘圆盾蚧 *Aspidiotus pothos* Takagi，1969（♀）

1. 成虫体 2. 臀板 3. 臀板末端

［寄主］柚，茶，桂花。

［分布］中国（台湾、上海、山西、浙江），俄罗斯，格鲁吉亚。

中央圆盾蚧 *Aspidiotus sinensis*（Ferris，1952）

Temaspidiotus sinensis Ferris，1952a：9.（Type locality：China）

Aspidiotus sinensis；Synonymy by Ben-Dov，2003.

［雌介壳］卵形，白色；蜕皮完全被分泌物覆盖。长1.70mm，宽1.0mm。

［雄介壳］质地和色泽与雌介壳相似，稍小。

［雌成虫］体近圆形。体长1.24～1.52mm。宽0.57～0.82mm。表皮除臀板微微骨化外仍然保持膜质。触角瘤上只有1刚毛。前后气门均无盘状腺孔。

L1缩进臀板末端的凹刻内，方形，长宽略等，两侧平行，末端平截，中间有一微小的齿；L2比L1长，更宽，端部圆，基内角向外延伸一骨化的棒，长于L2本身；L3很小，端部圆。臀栉发达，L1间2个，细而端部具分叉，与L1一样长；L1和L2间2个，一个窄，与L1一样长，另一个端部分叉，与L2一样长；L2和L3之间3个，一个窄而端部尖，另外两个阔而端部缨状，都不超过L2的末端；L3外侧4～5个，端部尖或略呈缨毛状。背腺管细，相当短，L1和L2的沟内2个，L2和L3之间的沟内4～6个，L3外侧沟内4～6个，排成纵列；肛门的侧面和前面有10个左右分布不规则。腹节边缘并列有少数小腺管。

肛门在臀部中央位置；阴门位置比肛门靠前，接近臀板基部。

围阴腺孔无。

［观察标本］15♀♀，云南昆明呈贡，2005-Ⅶ-10，张凤萍。

［寄主］禾本科植物。

［分布］中国（云南）。

橡胶圆盾蚧 *Aspidiotus taraxacus*（Tang，1984）（图 4-21）

Temaspidiotus taraxacus Tang，1984：22.（Type locality：China）

Aspisiotus taraxacus. Synonymy by Ben-Dov，2003.

［雌成虫］体倒梨形，长 0.65mm，宽 0.58mm。表皮除臀板外仍然保持膜质。臀板末端尖。触角瘤侧面有 1 刚毛，前后气门均无盘状腺孔。

臀叶 3 对，长是宽的 2 倍，外侧端部有 1 缺刻；L1 位于臀板末端的凹刻内，在位置上比 L2 低，L1 之间的距离均比自身宽；L2 和 L3 同形，外侧各 1 缺刻。L1 比 L2 大，L3 比 L2 小。臀栉刷状，数目排列为：2，2，3，8。L1 外角毛细长，几乎超过 L1 一倍。臀板背腺管细长，边缘腺管数目排列为：1，1，2，2。L1 间一个边缘腺管直达肛门后缘；亚缘腺管数目排列为：0，1，4，1。

肛门大，其纵径约为 L1 长的 2 倍，肛门到 L1 基部的距离为肛门纵径的 4 倍；阴门位于臀板近基部 1/3 处。

围阴腺 4 群，前侧群 11～12 个，后侧群 4～5 个。

注：本种与 *A. beilschmiediae* Takagi，1969 相似，区别在于本种 L3 外臀栉少，前者共 8 个，后者共 10 个。本种肛距比后者更长。

［观察标本］5♀♀，海南那大，1963-Ⅳ-27，周尧；10♀♀，福建武夷山，2008-Ⅷ-14，海拔 800m，王亮红，3♀♀，云南勐海，1987-Ⅹ，李莉。

［寄主］椰子，蔷薇，油杉。

［分布］中国（海南、福建、云南）。

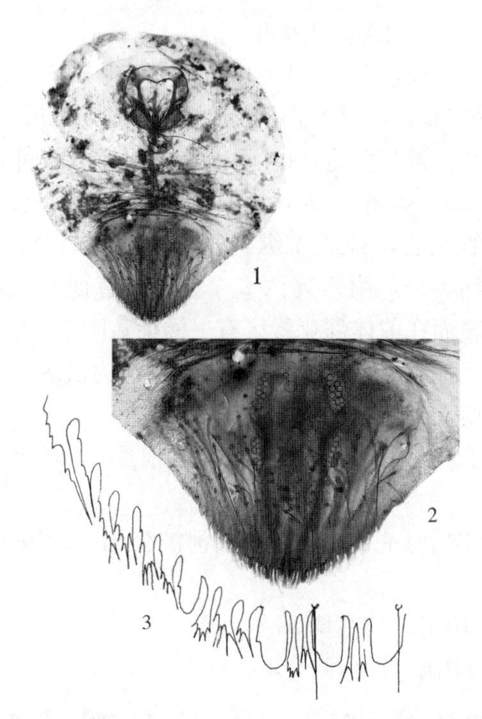

图 4-21 橡胶圆盾蚧 *Aspidiotus taraxacus*（Tang，1984）（♀）
1. 成虫体 2. 臀板 3. 臀板末端

汤氏圆盾蚧 *Aspidiotus tangfangtehi* Ben-Dov，2003

Aspidiotustheae Tang，1977：236.（Type locality：China）

Aspidiotus tangfangtehi. Replacement name by Ben-Dov，2003.

［雌介壳］圆形，淡黄色；蜕皮位于介壳中央位置。直径 2.5mm。

［雄介壳］近梨形，色泽和质地与雌介壳相同，蜕皮在介壳中央位置。长为 2.32mm。

［雌成虫］体近梨形，臀板窄。体长 0.70～0.92mm，宽 0.42～0.57mm。表皮除臀板稍微骨化外仍然保持膜质。触角只

1 刚毛。前后气门均无盘状腺孔。

臀叶 3 对，长过于宽，L1 基部有一长形棒状基骨化，L1 距离不到每个臀叶 1/2，L1 长椭圆形；L2 和 L3 几乎同大同形，外侧缺刻发达。臀栉发达，L1 间 2 个，L1 和 L2 间 2 个，L2 和 L3 间 3 个，L3 外 7 个，直到第四腹节背缘毛附近。厚皮棍无。臀板背面腺管细长，排成 4 纵列：第一列约 3 个，第二列约 7 个，第三列约 4 个，第四列约 2 个。臀板背面有一道烧瓶状斑纹，明显。腹面在前体部亚缘区有一圈稀疏刚毛及短腺管。

肛门小于 L1 长，与 L1 基部的距离约为肛纵径的 3 倍；阴门位于肛门前，近臀板基部 1/3 处。

围阴腺孔 5 群，中群约为 6 个，前侧群 13 个，后侧群约 7 个。

[观察标本] 4♀♀，广西柳州河滨公园，2010-Ⅷ-2，张斌，魏久锋。

[寄主] 山茶，灯芯草。

[分布] 中国（广西）。

荚蓬圆盾蚧 *Aspidiotus watanabei* Takagi，1969（图 4-22）

Aspidiotus watanabei Takagi，1969：67.（Type locality: China）

Temnaspidiotus watanabei；Chou，1985：400. Synonymy by Ben-dov，2003.

[雌成虫] 体圆形，除臀板外表皮仍然膜质。体长 1.25～1.68mm，宽 0.57～0.85mm。触角只 1 刚毛。前后气门均无盘状腺孔。

臀板突出，顶端有一个宽凹刻。臀叶 3 对。L1 大，顶端稍微被 L2 顶端超过，每个臀叶长约为宽的 2 倍，明显的大于侧臀叶，两侧均具有缺刻，顶端边缘微小锯齿状。L2 基部稍微收缩，顶端平圆，外侧缺刻趋于臀叶顶端。L3 与 L2 相似，稍小。臀栉发达，L3 外侧 8 个。L1 外基角的背缘毛长，绝不超过臀叶顶端。臀板上的背腺管不短，相对较粗，数少，边缘腺管分布：L1 间 1 个直达肛门，L1 和 L2 间 1 个，L2 和 L3 间 2 个，L3 和第四腹节背缘毛之间 2 个，第四腹节背缘毛外 2 个；亚缘背腺管分布：第七和第八腹节之间 2 个，第六和第七腹节的节间沟之间 4～5 个；侧面经常缺失。

肛门纵径与 L1 一样长，到 L1 基部的距离约为其纵径的 2 倍；阴门位于臀板近基部 1/3 处。

围阴腺孔 4 群，前侧群 7～10 个，后侧群 3～5 个。

[观察标本] 2♀♀，浙江宁波，1960-Ⅲ-1；5♀♀，贵州湄潭，1973，苑文林。

[寄主] 茶，忍冬。

[分布] 中国（浙江、贵州、台湾）。

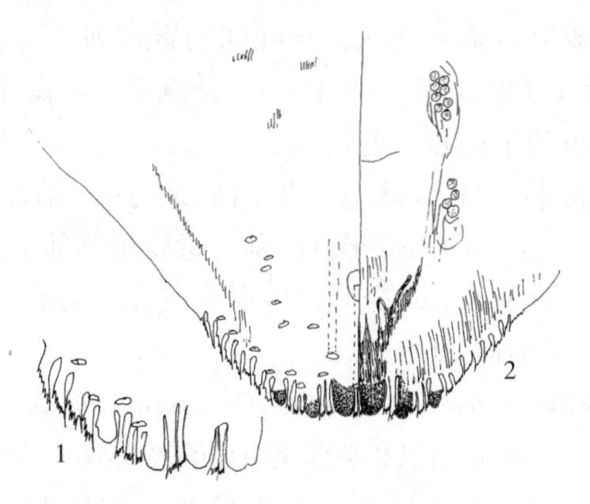

图 4-22　荚蓬圆盾蚧 *Aspidiotus watanabei* Takagi，1969（♀）
1. 臀板末端　2. 臀板

山茶圆盾蚧 *Aspidiotus japonicus*（Takagi，1957）

Aspidiotus japonicus（Takagi，1957）：38.（Type locality：China）

Temnaspidiotus japonicas；Chou，1985：400. Synonymy

by Ben-Dov，2003.

［雌介壳］不规则圆形，微微隆起，淡褐色。直径1.98～2.32mm。

［雄介壳］比雌介壳长，颜色质地接近。

［雌成虫］体卵形，长0.92～1.25mm，宽0.62～0.85mm。臀前腹节膜质。臀板微微骨化；臀板节间沟明显。触角分得很开，圆锥形，有一个细长弯曲的毛。前后气门无盘状腺孔。

臀板末端3对发达臀叶，L1骨化程度较高，细长，两侧均具缺刻，内侧的缺刻比外侧的位置靠后；L2明显超过L1，相当大，端圆，长大于宽，基部微微收缩，顶端平圆，每侧均有一个缺刻，内侧缺刻有时模糊；L3相似于L2，但小。臀板背面的腺管短，细，开口分布如下：边缘腺孔L1之间1个，L1和L2之间1个，L2和L3之间2个，L3和第五、第六腹节分布少量。腹腺管比背腺管短，分布在第二和第三腹节。臀栉与臀叶一样长或微微超过臀叶，端部缨状；臀叶间的臀栉细，L1间2个，L1和L2间2个，L2和L3间2个，L3外侧7个，在外侧边缘倾斜分布，在第五腹节的趋于退化。

肛门椭圆形，与L1等长，肛门后缘与L1基部的距离为其纵径的2.3～4倍；阴门位于肛门前，近臀板基部1/3处。

围阴腺孔存在，4或5群，中群有或无，若有，1个；前侧群5～8个，后侧群5～8个。

注：本种与*Aspidiotus sinensis*（Ferris，1952）接近，但区别在于本种无肛门前背腺管，L2基部无明显的表皮结，围阴腺孔存在。

［观察标本］13♀♀，广西桂林，2010-Ⅷ-5，魏久锋，张斌。

［寄主］山茶。

［分布］中国（湖南、广西），日本。

宁波圆盾蚧 *Aspidiotus ningboensis* sp. nov.（图4-23）

［雌成虫］体近圆形，正模长为1.29mm，宽为1.12mm.

表皮除臀板外仍然保持膜质。触角具1长毛。前后气门均无盘状腺孔。

臀板末端3对臀叶，发达。L1基部轭连，有深的基部骨化延伸，外侧倾斜，端部锯齿状，内侧有1浅缺刻，外侧具深缺刻1个；L2明显小于L1，约为L1的1/2，端圆，外侧具1深缺刻；L3小于L2，约为L2的1/2，外侧具1深缺刻。臀栉发达，L1间2个，端部尖；L1和L2之间2个，端部缨状；L2和L3之间3个，端部缨状；L3外侧有6个臀栉，端部缨状，离L3越远的越退化。L1外侧基角毛强壮，明显比L1短，L2和L3外侧基角毛约为其长度的2倍。臀板背腺管发达，L1间1个，开口直达肛门；L1和L2之间边缘腺管1个，亚缘2～4个；L2和L3之间边缘腺管2个，亚缘腺管9～11个；L3外侧边缘腺管1个，亚缘腺管4～5个分布。亚缘腺管与边缘腺管一样长。第一腹节到第三腹节无背腺管分布，只有一些细小的腹腺管，散乱分布。

肛门圆形，大，其纵径约为L1长，到L1基部的距离为其自身纵径的2倍；阴门位于肛门前，近臀板基部1/3处。

围阴腺孔4群，前侧群9～11个，后侧群8～10个。

注：本种与*A. cryptomeriae*相似，但是可以从以下几个方面区分：①本种3对臀叶依次减小，而后者3对臀叶同大同形；②本种L3外侧臀栉6个，而后者8个。

[观察标本] 正模，♀，浙江宁波，1983-Ⅰ-31，王；副模，4♀♀，同正模。

[寄主] 龟甲冬青。

[分布] 中国（浙江）。

[词源] 新种名称“*ningboensis*”来源于模式种产地。

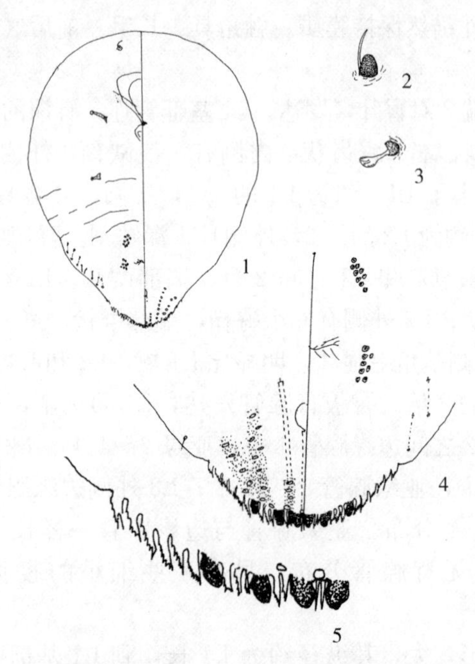

图 4-23　宁波圆盾蚧 *Aspidiotus ningboensis* sp. nov.（♀）
1. 成虫体　2. 触角　3. 气门　4. 臀板　5. 臀板末端

太原圆盾蚧 *Aspidiotus taiyuanensis* sp. nov.（图 4-24）

［雌成虫］体圆形或梨形。体长 0.8～1.2mm，宽 0.7～0.9mm。正模体长 1.2mm，宽 0.9mm。表皮除臀板微微骨化外仍然保持膜质。触角具 1 毛。前后气门均无盘状腺孔。

臀叶 3 对，L1 最大，端部斜向体中轴，外侧有一个深缺刻，基部有深的骨化延伸；L2 端圆，基部略收缩，内外均具缺刻，内侧的明显比外侧的浅；L3 外侧有一深缺刻。臀栉发达，L1 之间 2 个，端部微微分叉，L1 和 L2 之间 2 个，端部刷状；L2 和 L3 之间 3 个，端部刷状；L3 外侧 8 个。内缘平直，外缘刷状。背腺管少，管口圆形，L1 间 1 个，开口超过肛门；L1 和 L2 之间 3 个，L2 和 L3 之间 7～9 个，L3 外侧分布 4～5 个。臀前腹节无背腺管分布，只分布少量腹腺管。

肛门圆形，大，约为 L1 长度的 2 倍，到 L1 基部的距离约为其自身纵径的 2 倍，阴门位于肛门前，近臀板基部 1/3 处。

围阴腺孔 4 群，前侧群 11～15 个，后侧群 5～7 个。

注：本种与 *A. pothos* 近似，与后者的区别在于：①前者臀前腹节无短的背腺管分布，后者第 1～3 腹节有短的背腺管分布；②臀板背腺管数量明显比后者少。

［观察标本］正模，♀，山西太原，1964-Ⅷ-11，周尧、刘绍友；副模，5♀♀，同正模。

［寄主］桂花。

［分布］中国（山西）。

［词源］新种名称“*taiyuanensis*”来源于模式标本产地。

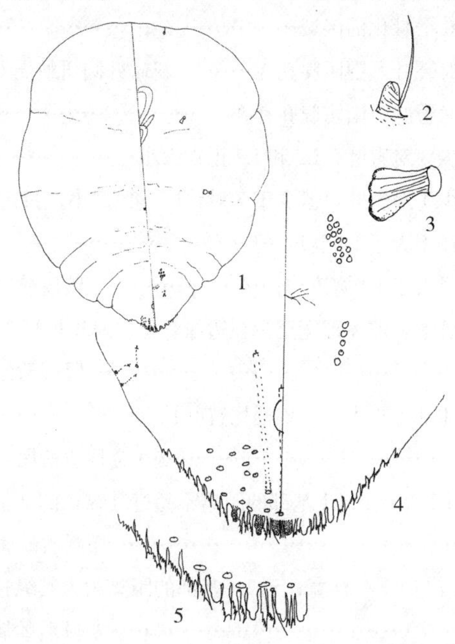

图 4-24　太原圆盾蚧 *Aspidiotus taiyuanensis* sp. nov.（♀）
1. 成虫体　2. 触角　3. 气门　4. 臀板　5. 臀板末端

（六）金顶盾蚧族 Chrysomphalini

Chrysomphalini Chou，1982：283.

[模式属] *Chrysomphalus* Ashmed，1880

体通常圆形，臀板突出。前后气门均无盘状腺孔。臀叶间有厚皮棍，臀叶外无厚皮棍分布。1～3 对，背腺管比腹腺管粗大。

分属检索表

1 臀板背面被节间沟分为明显的 6 个骨化的区域…………………………………………………………细圆盾蚧属 *Crenulaspidiotus*

臀板背面无 6 个骨化的区域…………………………………………………… 2

2 臀板末端 4 对臀叶，围阴腺孔无……… 新球杆圆盾蚧属 *Clavaspidiotus*

臀板末端 3 对臀叶，围阴腺孔存在……………………………………………… 3

3 臀板末端至少 3 对臀叶，L2 和 L3 正常大小…………………………… 4

臀板末端至少 1 对臀叶，但少于 3 对，L2 和 L3 小，只留痕迹……… 6

4 肛门开口纵径不大于 L1 宽度……………………………………………… 5

肛门开口纵径大于 L1 宽度……………………… 钹盾蚧属 *Abgrallaspis*

5 身体通常肾脏形，前体部宽至少在边缘骨化；厚皮棍短于臀叶…………………………………………………………… 肾圆盾蚧属 *Aonidiella*

体梨形，前体部不扩大；厚皮棍比臀叶长 ……………………………………………………………………金顶盾蚧属 *Chrysomphalus*

6 肛门开口比 L1 宽；到 L1 基部的距离不超过其纵径的 2 倍 ……………………………………………………………栉圆盾蚧属 *Hemiberlesia*

肛门开口小或与 L1 一样宽；到 L1 基部的距离约为其纵径的 2 倍 ……………………………………………………………灰圆盾蚧属 *Diaspidiotus*

1. 细圆盾蚧属 *Crenulaspidiotus* MacGillivray, 1921

Crenulaspidiotus MacGillivray，1921：389. Type species：*Chrysomphalus*（*Melanaspis*）*portoricensis* Lindinger，1910.

［模式种］*Chrysomphalus*（*Melanaspis*）*portoricensis* Lindinger，1910

［雌成虫］体圆形或卵圆形。触角经常具 1 毛，很少 2 毛。

臀板有 4～5 对臀叶，L4 和 L5 宽大于长；臀板背部被节间沟分为清晰骨化的 6 个区域；L1～L4 每个有 1 个厚皮棍，臀叶上的厚皮棍比臀叶间厚皮棍长；节间厚皮棍分布在 1～3 或 4 区域；臀栉特化为腺刺，分布于 1～3 区域或 L1 间；第 1 区域的突起经常发展成为一个小的臀叶；背腺管长，经常分布于臀叶后部边缘，第 2 和第 4 区域，第 2 和第 5 区域。

注：本属具有 Aspidiotinae 的以下特征：臀板背面分为骨化的 6 个区域，边缘有 4～5 个臀叶；最长的厚皮棍与臀叶相连；L4 连有厚皮棍；臀栉简单或双分叉。

［分布］新热带区，东洋区，新北区，古北区。

本属全世界分布 13 种，中国分布 1 种。

塞勒斯细圆盾蚧 *Crenulaspidiotus cyrtus* Miller et Davidson, 1981

Crenulaspidiotus cyrtus Miller et Davidson，1981：559.（Type locality：China）

［寄主］蓼科。

［分布］中国（台湾）。

2. 新球杆圆盾蚧属 *Clavaspidiotus* Takagi et Kawai, 1966

Clavaspidiotus Takagi et Kawai，1966：115. Type species：*Clavaspidiotus abietis* Takagi et Kawai，by original designation.

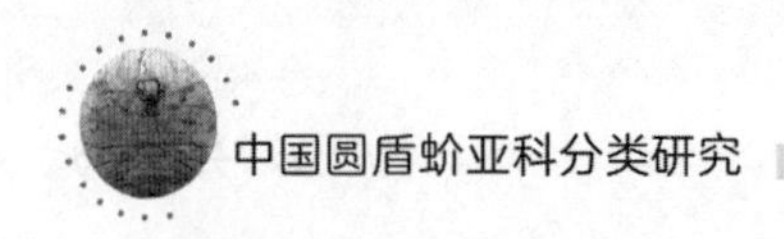

［模式种］*Clavaspidiotus abietis* Takagi et Kawai，1966

［雌介壳］平，黑色。

［雌成虫］体阔梨形，表皮除臀板外仍然保持膜质。触角具1毛。前后气门均无盘状腺孔。

臀板微微突出，不明显；有3对发达的臀叶，L4退化为骨化的突起。L1、L2和L3顶端圆，内外侧均有缺刻，明显向臀板顶端集中；L1最大，L2和L3大小逐渐递减。臀栉发达，L1间2个；L1和L2间2个；L2和L3间3个，所有臀栉细长；L3和L4间3个，每个臀栉顶角有2个细长突起。厚皮棍和边缘骨化明显，分布为：L1的内外基角分布伸出，L2内角，L2和L3之间，L3基内角；L1基外角的一个直达肛门开口；L1和L2基内角伸出的厚皮棍是L1基外角厚皮棍的1/2。臀板背面腺管细长，管口椭圆形，每侧排成3列。

肛门开口接近臀板顶端，其纵径约为L1长；阴门开口约在臀板中央位置，无围阴腺孔。

注：本属与*Clavaspis*接近，但是可以通过本属存在侧臀叶与L3和L4之间的臀栉双分来区分。

［分布］古北区，东洋区。

本属全世界分布3种，中国分布1种。

火棘新球杆圆盾蚧 *Clavaspidiotus tayabanus*（Cockerell，1905）

Aspiditus tayabanus Cockerell，1905：133.（Type locality：Philippines）

Clavaspis tayabanus；McKenzie，1939：55.

Clavaspidiotus tabayanus；Takagi，1974：15.

［寄主］栀子花。

［分布］中国（台湾），菲律宾，日本。

3. 钹盾蚧属 *Abgrallaspis* Balachowsky, 1948

Abgrallaspis Balachowsky, 1948: 306. Type species: *Aspidiotus cyanpphylli* Signoret, by original designation.

Abrallaspis; Dziedzicka, 1898: 96.

Abrallaspis; Chou, 1985: 291.

［模式种］*Aspidiotus cyanophylli* Signoret, 1869

［雌成虫］体倒梨形，表皮除臀板外仍然保持膜质。触角具1毛。前、后气门均无盘状腺孔。

L1发达，骨化，端圆，两侧或外出有1缺刻，L1间距为L1宽度1/2左右；L2常在，很发达，骨化，非三角形，两侧或外侧有1缺刻，或缺刻无；L3存在或无，若有，经常骨化，小于L2，有时有外缺刻，有时呈刺状。臀栉存在于叶间，数目排列2，2，3，0～8；L1之间、L1和L2之间臀栉呈栉状或刷状，L2和L3间呈栉状，L3外侧或栉状或刺状。厚皮棍成对存在于叶间，棍状。肛后沟发达，侧斑及阴侧斑骨化。臀背腺管长大于腹面腺管，单栓式，前者长形或粗或细，缘背管数目排列0～2，1，2；有些种类在臀前腹节有亚缘背管。

肛门圆形或椭圆形，肛纵径约等于L1宽，肛距为肛门纵径的1～3倍；阴门位置多变。

围阴腺孔存在或无。

注：本属与*Hemioptera*以及*Diaspidiotus*最易混淆，与此二属的区别是L2在本属种很发达，臀栉发达，其他二属则退化或缺。

［分布］新北区，新热带区，非洲区，东洋区，古北区，澳洲区。

本属全世界分布18种，中国分布1种。

茶钹盾蚧 *Abgrallaspis cyanophlli* (Sigpret, 1869)（图4-25）

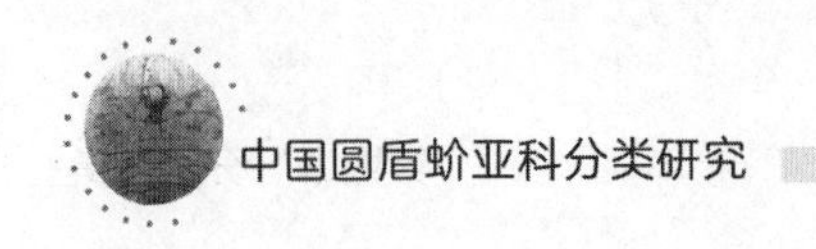

Aspisiotus cyanophylli Signoret，1869：119.（Type locality：France）

Abgrallaspis cynophylli；Gerson et Zor，1973：514.

Abgrallaspis cynophylli；Tang，1982：52.

［雌介壳］圆形或宽椭圆形，长1.8～2.5mm，白色或浅黄色；略隆起；蜕皮位于介壳中央位置。

［雄介壳］颜色、形状均与雌介壳相同，较小，长为0.8mm，蜕皮位于介壳末端。

［雌成虫］体倒梨形，表皮除臀板外仍然保持膜质，长0.75～0.85mm，宽0.68～0.70mm，臀板突出。触角瘤状，具1毛。前后气门均无盘状腺孔。

臀板末端有3对臀叶，L1基部骨化，有内外深缺刻，顶端宽圆，间距约为L1每半叶宽；L2细长，端圆，外侧具1缺刻，或披针状；L3短锥状或披针状，无缺刻。臀栉约与L1等长，L3外侧5～7个。臀背腺管粗长，长约为L1长的3倍，每侧10～14个，L1及L1和L2间各1～2个管。臀前小背腺管在体侧：中胸1～2个，后胸2～3个，第一和第二腹节各2个，第三腹节1～2个。

肛门圆形，纵径约等于L1宽，肛后沟发达，约为肛纵径的2倍；阴门位于臀板近基部约1/4处。

围阴腺孔5群，中群0～1个，前侧群3～6个，后侧群3～6个。

［观察标本］2♀♀，云南勐伦，1974-Ⅳ-23，袁锋。

［寄主］柑橘，杜鹃花，女贞，黄杨，仙人掌，可可，咖啡，大戟，甘薯，桂花，荔枝，水龙骨，龙香兰，甘蔗，椰子，海枣，鹤望兰，水塔花，芭蕉，六道木，杧果，枇杷，菠萝，无花果，茶。

［分布］中国（浙江、台湾、湖南、湖北、云南），日本，印度，斯里兰卡，印度尼西亚，土耳其，埃及，索马里，乌干达，坦桑尼亚，南非，马达加斯加，英国，法国，意大利，德

国，捷克斯洛伐克，希腊，美国，古巴，牙买加，墨西哥，委内瑞拉，圭亚那，巴西，阿根廷，秘鲁，智利，巴布亚新几内亚，斐济。

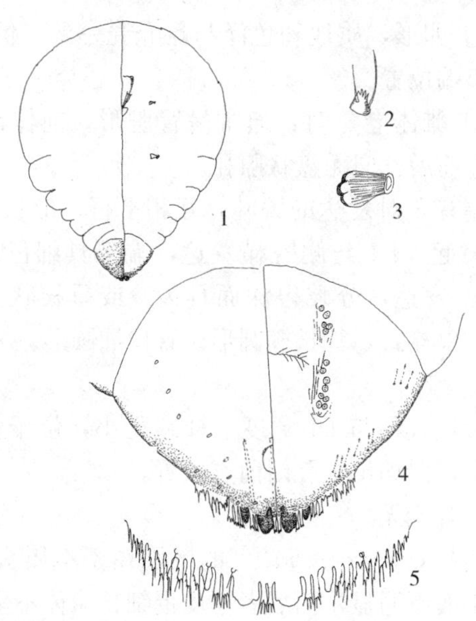

图 4－25　茶钹盾蚧 *Abgrallaspis cyanophlli*（Sigpret，1869）（♀）
1. 成虫体　2. 触角　3. 气门　4. 臀板　5. 臀板末端

4. 肾圆盾蚧属 *Aonidiella* Berlese et Leonardi，1895

Aonidiella Berlese，1895b：77. Type species：*Aspidiotus aurantii* Maskell，by monotypy.

Chrysomphalus（*Aonidiella*）；Cockerell，1897：9.

Aonidiella；Fernald，1903：285.

Heteraspis Leonardi，1914：197. Type species：*Aspidiotus replicatus* Lindinger，by monotypy and original designation. Synonymy by Ferris，1937：35.

Aonidiella；1982：37.

［模式种］*Aspidiotus aurantii* Maskell，1938

［雌介壳］圆形，很扁，颜色多变化；蜕皮位于介壳中心位置。

［雄介壳］卵形，质地和色泽与雌介壳一致，但较小；蜕皮位于介壳近末端位置。

［雌成虫］雌体老熟时，通常呈肾脏形。前体部表皮骨化。触角具1毛。前后气门无盘状腺孔。

臀板末端有3对发达的臀叶，互相平行，形状相似，L4无或为1骨化突起。L1与侧臀栉发达，端部具细齿；L3以外有3～6个臀栉，发达，分歧很深而具齿，或呈枝状。厚皮棍小。背腺管发达，单栓式，管长椭圆形。管口椭圆形。多数在节间沟中排列。

肛门圆形，直径与L1宽度一样或稍小，位于臀板近末端；阴门位置多变，但均位于肛门前方位置。

围阴腺孔有或无。

注：本属与*Chrysomphalus*的区别在于本属头胸部完全骨化，厚皮棍小而不明显，而后者厚皮棍细长，体不呈肾脏形。

［分布］古北区，新热带区，东洋区，澳洲区，非洲区，新北区。

本属全世界分布33种，中国分布12种，1新种。

分种检索表

1 围阴腺孔无…………………………………………………………………… 2

围阴腺孔有…………………………………………………………………… 3

2 围阴腺孔2群……………………番荔枝肾圆盾蚧 *A. comperei* McKenzie

围阴腺孔4群…………………………东方肾圆盾蚧 *A. orientalis* Newstead

3 体躯不呈明显的肾脏形……………………………………………………… 4

体躯呈明显的肾脏形………………………………………………………… 6

4 臀前腹节背腺管不会超过1～2短腺管，且L4微微呈现……………

……………………………………苏铁肾圆盾蚧 *A. sotetsu* (Takahashi)

臀前腹节背腺管超过 2 个，L4 无 ………………………………… 5

5 L3 和 L4 之间臀栉 3 个………………… 松肾圆盾蚧 *A. pini* Young et Lu

L3 和 L4 之间臀栉 6 个………………… 铁杉肾圆盾蚧 *A. tsugae* Takagi

6 阴门前侧板有表皮结……………………………………………………… 6

阴门前侧板无表皮结……………………………………………………… 7

7 表皮结呈倒 U 形，并有 2 骨片存在……………………………………

……………………………………橘红肾圆盾蚧 *A. aurantii* (Maskell)

表皮结呈倒 V 形，无骨片……………………………………………………

…………………………………… 橘黄肾圆盾蚧 *A. citrina* (Coquillett)

8 L3 和 L4 之间臀栉 4 个…………罗汉松肾圆盾蚧 *A. podocarpus* sp. nov.

L3 和 L4 之间臀栉 3 个…………………………………………………… 9

9 L3 和 L4 之间臀栉端部呈解剖刀状………………………………………

…………………………香蕉肾圆盾蚧 *A. simplex* (Grandpré et Charmoy)

L3 和 L4 之间臀栉端部缨状…………………………………………… 10

10 背腺管细长，主要集中在臀板边缘……………………………………

……………………………………… 紫杉肾圆盾蚧 *A. taxus* Leonardi

背腺管粗，亚缘也有分布…………杂食肾圆盾蚧 *A. inornata* McKenzie

橘红肾圆盾蚧 *Aonidiella aurantii* (Maskell, 1879)（图 4-26）

Aspidiotus aurantii Maskell, 1879: 199.（Type locality: New Zealand）

Aspidiotus citri Comstock, 1881: 8.

Chrysomphaluscitri; Lindinger, 1935: 132.

Aspidiotus coccineus MacKenzie, 1939: 54.

Aonidiella gennadii MacKenzie, 1939: 54.

［雌介壳］圆形，扁，略隆起；蜕皮位于介壳中心，红色或橙色。直径 1.6～2.0mm。

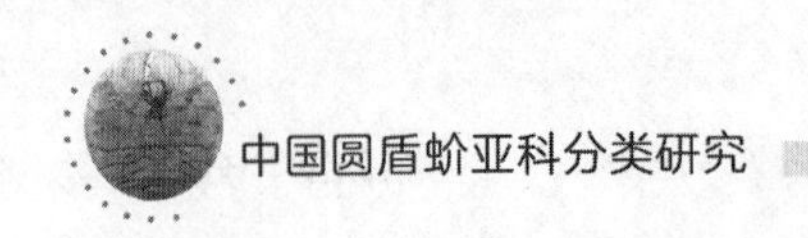

[雄介壳] 卵形，和雌介壳相同。长 1.1～1.3mm，宽0.6～0.7mm。

[雌成虫] 体老熟时为肾脏形，头部阔。长 0.8～1.5mm，宽 0.52～0.72mm。触角瘤平坦，具 1 粗刚毛。前后气门开口无盘状腺孔。

臀叶 3 对，均发达。L2 和 L3 明显小于 L1。L3 和 L4 位置之间 3 个臀栉，L4 位置外侧无臀栉。L1 间 1 个背腺管超过肛门后缘；第七和第八腹节之间 4 个；第六和第七腹节之间 8～12 个；L3 和 L4 之间 2 个边缘背腺管；第五和第六腹节之间有 4～7 个亚缘背腺管，其中一个紧接 L4 外侧边缘。腹面有 3 个长形的表皮结，2 个横列在前，后面 1 个呈倒 U 形，其着生处表皮略呈网状。臀前腹节无腺管分布。

肛门纵径短于 L1 长，与 L1 基部的距离为其纵径的 3～4 倍；阴门位于臀板中央。

围阴腺孔无。

注：本种与 *A. citrine* 近似，可以通过臀板阴门附近的表皮结形状加以区分。

[观察标本] ♀，云南昆明，1974-Ⅳ-14，袁锋；♀，云南勐海，1974-Ⅴ-20，孙蕴辉；♀，云南景洪，1974-Ⅴ-15，袁锋；♀，上海中学，1991-Ⅹ-9；2♀，浙江省杭州市，1991-Ⅺ-14；♀，陕西武功，1967-Ⅸ-23，周尧；4♀♀，江西萍乡，1955-Ⅺ，周尧；10♀♀，昆明林业厅，1987-Ⅹ-11，李莉；♀，云南勐伦，1974-Ⅳ-30，袁锋；♀，云南勐龙，1974-Ⅴ-12，袁锋；4♀♀，云南昆明，1974-Ⅳ-13，袁锋；♀，四川西昌，1939，周尧，罗汉松；♀，浙江浦江县塔山公园，1991-Ⅹ-8；4♀♀，四川成都，1938-Ⅲ，周尧；4♀♀，广西柳州，2010-Ⅷ-1，张斌，魏久锋。

[寄主] 柑橘，橙，含笑，栀子花，凤凰木，红橘，樟树，芭蕉，刺橘，棕榈，竹子，苏铁。

［分布］中国（除西藏外均有分布），安哥拉，几内亚，肯尼亚，马达加斯加，莫桑比克，毛里求斯，留尼汪岛，英属圣赫伦那，南非，苏丹，坦桑尼亚，乌干达，桑给巴尔岛，津巴布韦，澳大利亚（昆士兰州），库克群岛，密克罗尼西亚群岛，斐济，马绍尔群岛，新克里多尼亚，新西兰，纽埃，帕劳群岛，巴布亚新几内亚，所罗门群岛，汤加，瓦努阿图，萨摩亚，墨西哥，美国，阿根廷，巴西，智利，波多黎各，乌拉圭，缅甸，印度，印度尼西亚，蒙古，尼泊尔，巴基斯坦，菲律宾，斯里兰卡，泰国，阿富汗，加纳利群岛，埃及，以色列，意大利，日本，黎巴嫩，马德拉群岛，摩洛哥，沙特阿拉伯，西班牙，叙利亚，土耳其，突尼斯。

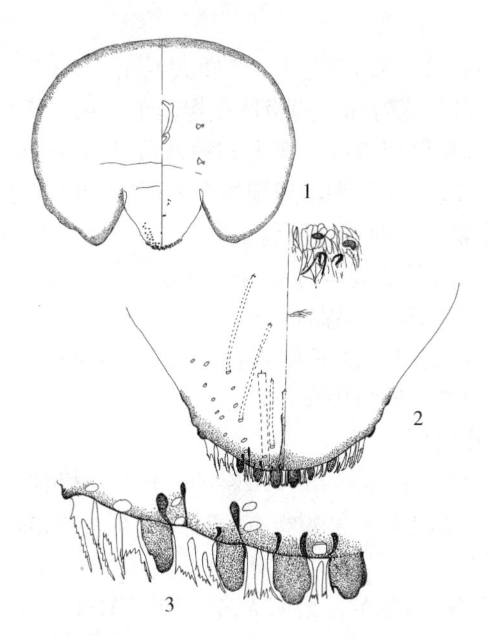

图 4－26　橘红肾圆盾蚧 *Aonidiella aurantii*（Maskell，1879）（♀）

1. 成虫体　2. 臀板　3. 臀板末端

橘黄肾圆盾蚧 *Aonidiella citrina*（Coquillett，1891）

Aonidiotus citrinus Coquillett，1891：29.（Type locality：USA）

Chrysomphalus aurantii citrinus；Fernald，1903：288.

Aonidiella aurantii；Kiritchenko，1929：173.

Aonidiella citrina；Nel，1933：417.

［雌介壳］圆形，扁平，透明；蜕皮位于介壳偏中心位置。直径 1.98～2.35mm。

［雄介壳］无。

［雌成虫］成熟时虫体为本属经典的形状。体长 1.2～1.53mm，宽 0.72～0.98mm。触角只 1 刚毛。前后气门均无盘状腺孔。

臀叶 4 对。L2 和 L3 与 L1 一样大或稍小。L3 和 L4 之间 3 个臀栉，L4 以外无臀栉。边缘厚皮棍趋于退化。背腺管在 L1 间分布 1 个，远超肛门近缘；第七和第八腹节有 4～5 个；第六和第七腹节 8～12 个排列为不规则的 2 列；L3 和 L4 之间 2 个边缘腺管，L4 外侧有 2 列亚缘腺管，共计 5～9 个；L4 侧面边缘有 1～2 个边缘大腺管。臀板基部两侧接近中线位置有 1 个骨化斑，呈倒 V 形。臀前腹节无腺管分布。

肛门开口纵径与 L1 长度相当，到 L1 基部的距离为其纵径的 3 倍；阴门位于臀板中央位置。

围阴腺孔缺失。

注：本种与 *A. aurantii*（Maskell，1879）相似，区别在于：①前者 L1 较窄后者窄；②臀板有一对倒 V 形表皮结，而后者为倒 U 形。

［观察标本］3♀♀，云南大理，1974-Ⅵ-18，袁锋；5♀♀，云南昆明，1974-Ⅶ-6，袁锋；4♀♀，甘肃文县，1964-Ⅵ-8，周尧，刘绍友；8♀♀，昆明植物园，1987-Ⅹ-14，李莉；4♀♀，四川成都，1974-Ⅳ-9，袁锋；5♀♀，云南橄榄坝，1974-5-19，

袁锋；8♀♀，云南大理点苍山，2005-Ⅷ-6，张凤萍；2♀♀，福建南平，2003-Ⅷ-5，王培明。

［寄主］缅甸桂，桂花，柑橘，山玉兰，芭蕉，铁力木。

［分布］中国（福建、台湾、广东、江苏、浙江、云南、甘肃、江西、香港、湖南、西藏、青海、河北、河南），贝宁湾，喀麦隆，科特迪瓦，埃塞俄比亚，加蓬，几内亚，马达加斯加，马里，毛里求斯，尼日尔，英属圣赫伦那，塞内加尔，也门，津巴布韦，澳大利亚，斐济，巴布亚新几内亚，萨摩亚，墨西哥，美国，阿根廷，印度，印度尼西亚，尼泊尔，巴基斯坦，菲律宾，泰国，阿富汗，法国，伊朗，意大利，日本，苏丹，阿拉伯半岛，土耳其，韩国。

番荔枝肾圆盾蚧 *Aonidiella comperei* McKenzie，1937

Aonidiella comperei McKenzie，1937：327.（Type locality：India）

Chrysomphalus comperei；Lindinger，1957：545.

Aonidiella comperei，Borchsenius，1966：295.

［寄主］番荔枝，菊，大戟，桑，芭蕉，棕榈，葡萄。

［分布］中国（台湾），密克罗尼西亚群岛，基里巴斯，马绍尔群岛，帕劳群岛，巴布亚新几内亚，多米尼加，瓜德罗普岛，波多黎各，海地，美属维尔京群岛，印度，泰国，日本。

杂食肾圆盾蚧 *Aonidiella inornata* McKenzie，1938（图 4-27）

Aonidiella inornata McKenzie，1938：10.（Type locality：Philippines）

Aonidiella inornata；Tang，1982：39.

［雌介壳］淡黄色。直径 1.96～2.35mm。

［雄介壳］长形，淡黄色。

［雌成虫］成熟时虫体为此属经典的形状即肾脏形。体长 1.2～1.62mm，宽 1.15～1.36mm。前后气门附近表皮方形，

膜质。触角瘤上 1 刚毛。前后气门均无盘状腺孔。

臀板末端具 4 对臀叶。L2 和 L3 小于 L1。L3 和 L4 之间 3 个臀栉；L4 外侧无臀栉。边缘厚皮棍减小。L1 间 1 个背腺管，直达肛门开口以后；第七和第八腹节之间 3～4 个；第六和第七腹节 7～9 个排成一列；L3 和 L4 间 2 个边缘腺管；L3 和 L4 外侧有 4～9 个排成一列的亚缘腺管；L4 侧缘有 1 个。

肛门开口纵径约等于 L1 长，到 L1 之间的距离约为其自身总径的 2 倍；阴门位于臀板近基部 1/3 处。

围阴腺孔无。

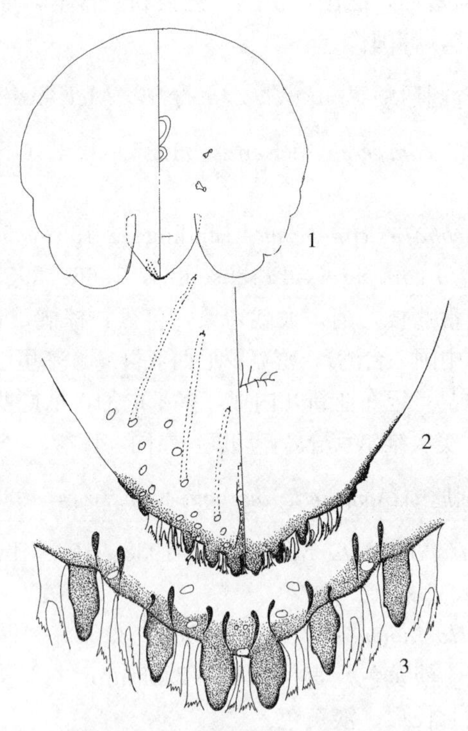

图 4 - 27　杂食肾圆盾蚧 *Aonidiella inornata* McKenzie，1938（♀）

1. 成虫体　2. 臀板　3. 臀板末端

注：此种与*A. taxus*之间的区别在于：①背腺管比后者粗；②肛门位置不同。

［观察标本］♀，云南勐仑，1974-Ⅳ-26，袁锋；5♀♀，四川成都，1974-Ⅶ-25，袁锋；4♀♀，广东广州，1973-Ⅲ，周尧；4♀♀，云南昆明植物园，1974-Ⅳ-16。

［寄主］黄皮，罗汉松，樟树，油朴。

［分布］中国（香港、台湾、河南、云南、四川、广东），几内亚，澳大利亚，密克罗尼西亚联邦，斐济，夏威夷岛，基里巴斯，马绍尔群岛，帕劳群岛，巴布亚新几内亚，瓦努阿图，威克岛，美国，多米尼加，波多黎各，厄瓜多尔，印度，印度尼西亚，菲律宾，泰国，日本。

无花果肾圆盾蚧 *Aonidiella messengeri* McKenzie，1953

Aonidiella messengeri McKenzie，1953：35.（Type locality：Ryukyu）

［雌介壳］圆形，薄，红色。

［雄介壳］长形，介壳颜色近似于雌介壳。

［寄主］苏铁，无花果。

［分布］中国（台湾），日本。

东方肾圆盾蚧 *Aonidiella orientalis* Newstead，1894

Aspidiotus orientalis Newstead，1894：26.（Type locality：India）

Aspidiotus（*Aonidiella*）*cocophagus* Marlatt，1908. Synonymy by Lindinger，1908：241.

Chrysomphalus pedroniformis Ckll. et Robinson，1915. Synonymy by Borchsenius，1966：297.

Aonidiella orientalis；McKenzie，1938：12.

Aonidiella orientalis；Tang，1982：39.

［雌介壳］圆形，灰黄色；直径2mm。

[雄介壳] 长形，颜色与雌介壳一样；直径 1mm。

[雌成虫] 虫体非传统的肾脏形，长 0.93mm，宽 0.78mm。头胸部骨化，臀板边缘厚皮棍细小。触角具 1 弯曲的毛。前后气门均无盘状腺孔。

臀板末端有臀叶 3 对，发达。L1 明显大于 L2 和 L3，L4 为一骨化突起。臀栉在 L3 以内臀叶间为刷状，L3 与 L4 间突起 43 个，基部宽，端部呈解剖刀状。背腺管在臀前三腹节亚缘区很多，成群。在臀板背面每侧排成 3 列，第一列比其他两列短，粗细相同。第一侧列 2～3 个，开口于 L1 与 L2 之间，第二侧列与第三侧列各 8～12 个；腺管圆柱形，管口椭圆形。

肛门直径比 L1 的宽度小，位于臀板近端部 1/4 处；阴门位于臀板近基部 1/3 处。

围阴腺孔 4 群或 5 群。中群 0～7 个，前侧群 3～8 个，后侧群 4～6 个。

注：本种与 *A. simplex* 接近，主要区别在于后者无围阴腺孔。

[观察标本] 2♀♀，广西桂林，1954-Ⅻ-2，江洪；1♀，浙江宁波红旗苗圃，1982-Ⅰ-30；1♀，广西玉林，2010-Ⅶ-28，张斌，魏久锋；5♀♀，广西南宁，2010-Ⅶ-22，张斌，魏久锋；3♀，海南岛那大，1963-Ⅳ-23。

[寄主] 苏铁。

[分布] 中国（广西、浙江、广东、海南、台湾），科摩罗群岛，肯尼亚，马达加斯加，英属圣赫伦那，索马里，南非，坦桑尼亚，澳大利亚，密克罗尼西亚，巴布亚新几内亚，美国，巴哈马群岛，巴西，哥伦比亚，古巴，牙买加，巴拿马，波多黎各，英属维尔京群岛，印度，菲律宾，斯里兰卡，伊朗，伊拉克，以色列，沙特阿拉伯。

罗汉松肾圆盾蚧 *Aonidiella podocarpus* sp. nov.（图 4-28）

[雌介壳] 无。

［雄介壳］无。

［雌成虫］虫体不呈现本属传统形状，即不为肾脏形，头胸部和腹基部强骨化。正模体长 0.93mm，宽 0.78mm。体长 0.86～1.35mm，宽 0.53～0.82mm。无胸瘤。触角具 1 刚毛。前后气门均无盘状腺孔。

臀板有 3 对臀叶，L4 退化或无。L1 长大于宽，外侧具 1 深缺刻；L2 和 L3 与 L1 形状相似，但小，外侧均有 1 缺刻。臀栉发达，臀叶间臀栉端部具齿，L1 间 2 个，L1 和 L2 间 2 个，L2 和 L3 间 2 个；L3 外侧有 4 个，双分，每叉锯齿状。臀板边缘厚皮棍短，但明显可见，L1 内外基角分别伸出 1 个，L2 内外基角各 1 个，L3 内基角一个，共 5 对厚皮棍。背腺管主要分布于臀板前端区域，L1 间 1 个，开口微微超过肛门前缘，L1 和 L2 之间 3 个，均比 L1 间的粗，长；L2 和 L3 之间分布 12～14 个，排成两斜列，直达第五腹节，比 L2 和 L3 之间的细，长度一样；L3 外侧分布 8 个一列，另外有不规则排列，长度粗细与 L2 和 L3 之间的一样。腹面小腺管在第 1～3 腹节各有一簇，分布在亚缘，边缘无；第一腹节约 21 个亚缘腺管，第二腹节分布约 12 个，第三腹节约有 7 个。臀前腹节无短腺管分布。

肛门纵径小于 L1 长，到 L1 基部的距离约为其纵径的 4.5 倍；阴门位于臀板近基部 1/3 处。

围阴腺孔无。

注：此新种与 *A. tsugae* Takagi，1969 相似，主要区别是：①前者 L3 外有臀栉 4 个，而后者 L3 外臀栉 6 个；②前者腹节腹面小腺管分布多，而后者分布明显少，几乎没有；③前者腹节背面有短腺管，而后者无。

［观察标本］正模：♀，浙江宁波，1983-Ⅰ-30；副模，3♀，浙江宁波，1983-Ⅰ-30；4♀，云南大理点苍山，2005-Ⅷ-6，张凤萍。

［寄主］罗汉松。

［分布］中国（浙江、云南）。

［词源］新种的种名来源于模式标本的寄主罗汉松的学名“*podocarpus*”。

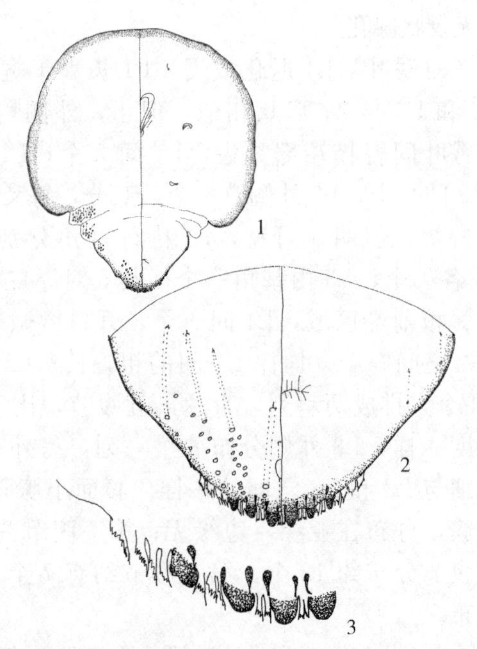

图 4-28　罗汉松肾圆盾蚧 *Aonidiella podocarpus* sp. nov.（♀）
1. 成虫体　2. 臀板　3. 臀板末端

松肾圆盾蚧 *Aonidiella pini* Young et Lu，1988

Aonidiella pini Young et Lu，1988：189.（Type locality：China）

［雌介壳］圆形，扁平，半透明，淡褐色；蜕皮位于介壳亚中心。直径 1.25～1.89mm。

［雄介壳］长形，淡褐色。

［雌成虫］长 0.77～0.80mm，宽 0.59～0.63mm。前体部

无胸瘤，老熟虫体强骨化，沿侧臀叶外侧接近顶端边缘有 4～7 个短腺管。触角 1 长刚毛。前后气门均无盘状腺孔，背面无方形膜质区域。

臀板宽大于长，侧面有一个表皮结，腹面无围阴表皮结。臀板有 3 对臀叶，L1 最大，长大于宽，顶端圆，每侧有一个缺刻，外缺刻深，L1 间距小于单个臀叶的一半，厚皮棍清晰但是不发达。L2 和 L3 小，大约是 L1 的一半，外侧均有 1 缺刻，厚皮棍清晰却不发达。背腺管细长，L1 间 1 个，L1 和 L2 间 2 个，L2 和 L3 间 1 纵列 5～7 个，L3 外 1 纵列为 5～6 个，其中一个接近侧缘。腹面小腺管沿侧缘相当少。臀栉缨状，L1 间 2 个，不长过 L1，L1 和 L2 间 2 个，L2 和 L3 间 3 个，L3 外侧 3 个。

肛门直径约与 L1 宽相等，到 L1 基部的距离约为其直径的 2 倍；阴门在肛门开口之前。

围阴腺孔缺失。

注：本种与 *A. sotetsu* Takahashi，1933 接近，但是可以通过本种缺少 L4 来区分。

［观察标本］5♀♀，四川自贡市，2009-Ⅷ-3，胡庆玲。

［寄主］松树。

［分布］中国（四川自贡）。

苏铁肾圆盾蚧 *Aonidiella sotetsu*（Takahashi，1933）（图 4-29）

Chrysomphalus sotetsu Takahashi，1933：57.（Type locality：China）

Aonidiella sotetsu；McKenzie，1938：13.

［雌成虫］前体部不过度肥大，前体侧瓣不明显，后胸相当大，稍微缩入前体内，不呈明显肾脏形；前体区域骨化。体长 0.63～0.95mm，宽 0.55～0.78mm。

臀叶 3 对，L1 微微大于侧臀叶；L4 呈现为一小的骨化突。L4 侧面无臀栉；臀板背面的腺管排列为 3 列，第一列比其他两列短，粗；臀前腹节背腺管不会超过1～2短腺管，分布在边缘。厚皮棍小，但是明显发达。

肛门圆形，小，近L1基部末端；阴门位于臀板中央位置。

围阴腺孔缺失，围阴脊起骨化。

注：本种与*A. simplex*接近，主要区别在于本种第1～3腹节的的背腺管不超过2个，而后者远远多于2个。

[观察标本] 1♀，云南昆明，1974-Ⅳ-14，周尧，袁锋；10♀，上海中山公园，1956-Ⅻ-13，江洪。

[寄主] 白玉兰，苏铁。

[分布] 中国（台湾、湖南、云南、上海、香港），日本，泰国。

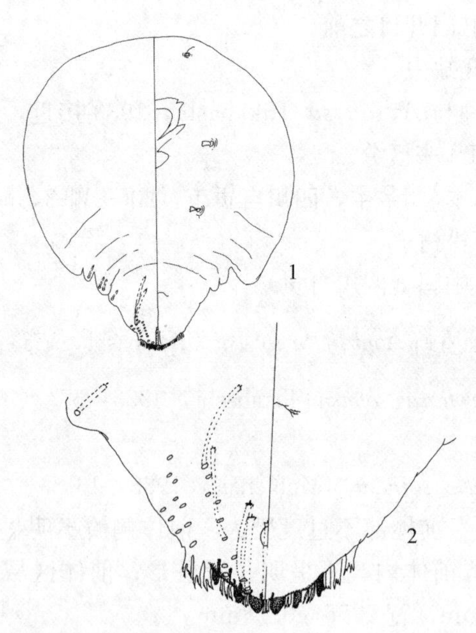

图4-29 苏铁肾圆盾蚧 *Aonidiella sotetsu*（Takahashi，1933）（♀）

1. 成虫体 2. 臀板

香蕉肾圆盾蚧 *Aonidiella simplex*（Grandpré et Charmoy, 1899）

Aspidiotus aloes simplex Grandpré et Charmoy，1899：20.（Type locality：Mauritius）

Aspidiotus andersoni Laing，1929：489. Synonymy By Borchsenius，1966：298.

Aonidiella simplex；Tang，1982：43.

[雌介壳] 圆形，灰白色；蜕皮在介壳中部，红褐色。

[雄介壳] 长形，灰色。

[雌成虫] 虫体肾脏形，长1.2～1.32mm，宽1.18～1.26mm。骨化。触角具1弯曲的毛。前后气门均无盘状腺孔。臀前三腹节及口后中区膜质。

臀板有3对臀叶，同形，L1明显比侧叶大。臀栉在L3以内臀叶间刷状，L3～L4之间3个，基部宽，端部呈解剖刀状。边缘厚皮棍细小，存在3对，臀叶内外角及两侧叶间。背腺管在臀部每侧3列，第一列中部粗而短。臀前三腹节各有亚缘群背腺，每群10～15个。

肛门圆形，小，近L1基部末端；阴门位于臀板近基部1/3处。

围阴腺孔无。

注：本种与*A. orientalis*相似，区别只在于围阴腺孔无，第一列臀背腺部分粗而短。

[观察标本] 3♀♀，海南吊罗山，2008-Ⅷ-20，郑建武；3♀♀，海南孟果坡，1963-Ⅴ-10，周尧。

[分布] 中国（海南），肯尼亚，毛里求斯，坦桑尼亚。

[寄主] 香蕉。

紫杉肾圆盾蚧 *Aonidiella taxus* Leonardi，1906（图 4-30）

Aonidiella taxus Leonardi，1906：1.（Type locality：Italy）

Aonidiella taxus；Tang，1982：37.

[雌介壳] 透明；直径 2mm。

[雄介壳] 长形，小；长 1mm。

[雌成虫] 体肾脏形，长 1.08～1.56mm，宽为 1.05～1.62mm。全表皮硬化，臀板前一方块为膜质。触角瘤具 1 毛。前后气门均无盘状腺孔。

臀叶 3 对，形状和大小几乎相似，L4 仅为一骨化突。臀栉刷状，只存在 L4 以内的叶间，数目排列为：2，2，3，3。臀板边缘厚皮棍小，存在于 3 对臀叶的内外角，L2～L3 间各有一条细小的厚皮棍。背腺管细长，多集中在臀板边缘，粗细相同；L2 和 L3 之间 4～5 个，L3 和 L4 之间 12～15 个；L4 外侧分布 12～15 个。腹腺管细小，散乱分布。

肛门圆形，小，近 L1 基部末端；阴门位于臀板近基部 1/3处。

围阴腺孔无。

注：从雌成虫描述来看，本种与 *A. inornata* 之间的区别很小，主要在于此种的背腺管细长，主要分布在臀板边缘，而后者背腺管粗，亚缘也有分布。

[观察标本] 1♀，上海中山公园，1956-Ⅻ-13；5♀♀，辽宁省沈阳市园绿所；1976-Ⅲ-10，周尧；5♀♀，四川成都，1974-Ⅶ-25，袁锋；7♀♀，云南昆明，1974-Ⅵ-14，袁锋。

[寄主] 罗汉松，灯芯草。

[分布] 中国（湖南、上海、辽宁、四川、云南、台湾、河南），美国，阿根廷，意大利，日本，西班牙。

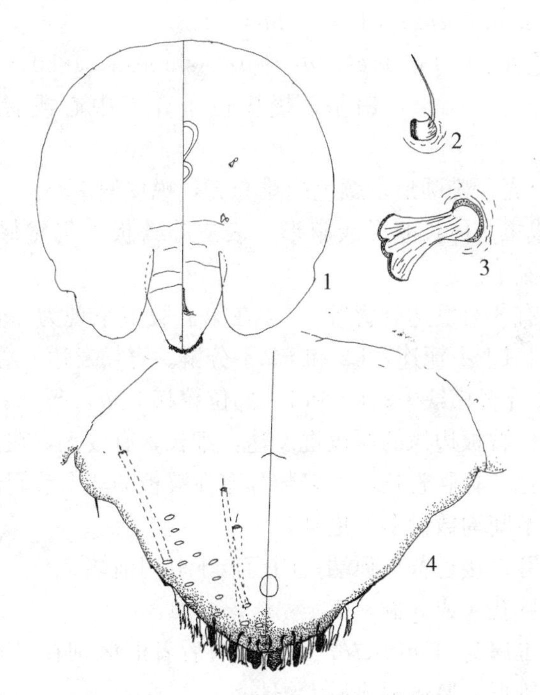

图 4-30　紫杉肾圆盾蚧 *Aonidiella taxus* Leonardi，1906（♀）
1. 成虫体　2. 触角　3. 气门　4. 臀板

铁杉肾圆盾蚧 *Aonidiella tsugae* Takagi，1969

Aonidiella tsugae Takagi，1969：84.（Type locality：China）

［寄主］铁杉。

［分布］中国（台湾）。

5. 金顶盾蚧属 *Chrysomphalus* Ashmead，1880

Chrysomphalus Ashmead，1880：267. Type species：*Chrysomphalus ficus* Ashmead，by monotypy.

Chrysomphalus; Tang, 1982: 35.

Chrysomphalus; Chou, 1985: 283.

[模式种] *Chrysomphalus ficus* Ashmead, 1880

[雌介壳] 圆形，扁平，蜕皮位于介壳中心或者偏中心；黄色。

[雄介壳] 椭圆形，颜色同雌介壳，蜕皮偏中心。

[雌成虫] 体长卵形或梨形，表皮除臀板外仍然保持膜质。触角有1刚毛。

臀板有3对发达的臀叶，L4在第五腹节呈现为一骨化的锯齿状突起。L1不轭连，L2和L3不分瓣。臀栉发达，端部分叉，毛状，L4外臀栉缺失；L3和L4部位臀栉3个，每个具有1～2个长突起。臀板边缘的厚皮棍发达，细长；有或无，在L3和L4间趋于退化。背腺管长，大多数分布在臀板的3个节间沟内，在外侧2个节间沟数量多，更细。

肛门开口接近臀板顶端；阴门位于肛门前端。

围阴腺孔4或5群。

注：本属与*Aonidiella*近似，与后者的区别在于本属头胸部不呈肾脏形，厚皮棍比后者细长。

[分布] 澳洲区，新北区，东洋区，古北区，非洲区，新热带区。

全世界分布18种，中国分布8个，其中1新种，1新记录种。

分种检索表

1 围阴腺孔无……………………………………梅金顶盾蚧 *C. mume* Tang

围阴腺孔存在………………………………………………………………… 2

2 至少一个臀前腹节有1个亚缘背腺管群……………………………………… 3

臀前腹节最多3或4个边缘腺管，无亚缘腺管群……………………………… 5

3 第二和第三腹节每侧有3～10个亚缘腺管……………………………………

………………………………… 拟褐圆金顶盾蚧 *C. bifasciculatus* Ferris

第三腹节亚缘腺管数量少于 3 个………………………………………… 4

4 第一腹节分布 2 个短的亚缘腺管，第三腹节无亚缘腺管分布…………

…………………………………… 溆浦金顶圆盾蚧 *C. xupuensis* sp. nov.

第三腹节分布不超过 2 个亚缘腺管……………………………………… 6

5 L1 两侧均具缺刻………………… 褐圆金顶盾蚧 *C. aonidum*（Linnaeus）

L1 内侧具缺刻，外侧无…………………柑橘金顶盾蚧 *C. ficus* Ashmead

6 臀板背面有 4 个表皮结…………………雪氏金顶盾蚧 *C. silvestrii* chou

臀板背面无表皮结………………………………………………………… 7

7 背腺管 2 种大小，数量超过 10 个………………………………………

………………………………… 松针金顶盾蚧 *C. pinnulifer*（Maskell）

背腺管大小一致，数量不超过 10 个……………………………………

…………………………………橙圆金顶盾蚧 *C. dictyospermi*（Morgan）

褐圆金顶盾蚧 *Chrysomphalus aonidum*（Linnaeus，1758）（图 4-31）

Coccusaonidum（Linnaeus），1758：455.（Type locality：Asia）

Chrysomphalus aonidum；McKenzie，1939：53.

Chrysomphalus aonidum；Chou，1985：284.

［雌介壳］正圆形，扁，中间隆起；紫褐色。蜕皮位于中心，通常橙黄色或红褐色。介壳直径 1～2mm。

［雄介壳］色与雌介壳相同，卵形，介壳长 0.8～1mm，宽 0.75mm。

［雌成虫］体阔梨形，体长 1～1.4mm，宽 0.82～1.2mm。表皮除臀板外均保持膜质。触角具 1 弯曲的毛，前后气门均无盘状腺孔。

臀板短阔，端部钝形，末端有 3 对发达的臀叶，形状和大小相同，端圆，两侧平行，内外侧均具缺刻，L1 比 L2 和 L3 大。

L4 几乎无，只留痕迹，呈圆形突出。L4 外侧臀板边缘骨化，有 2 个深凹刻。臀栉发达，L1 间 1 对，略长于 L1，端具齿；L1 和 L2 间 1 对，端具齿；L2 和 L3 间 3 个，形状大小相同；L3 和 L4 间 3 个，阔，前两个端部呈解剖刀形状，第三个只有 2 个解剖刀形状的突出。厚皮棍发达，每侧 6 条；L1 两基角各发生 1 条，L2 和 L3 内基角各 1 条，L3 外第一和第二臀栉间各 1 条；L2 外侧的 1 条最长，L3 外侧的 1 条最短；L4 外无厚皮棍。背腺管两种不同大小：L1 间 1 个，开口超过肛门；L1 和 L2 之间有 3～4 个，其粗壮的腺管通到臀板的中央；L2 和 L3、L3 和 L4 之间各有 1 长列，17～27 个，常排列成不规则的 2 或 3 列，其长而细的腺管超过臀板前缘；第五腹节侧缘 1 个。较小的背腺管分布在腹部第二节侧角，6～19 个，第三腹节只有 1 个亚缘背腺管。

肛门纵径约与 L1 长度相等，位于臀板末端；阴门位于臀板基部约 1/3 处。

围阴腺孔 4 群，前侧群 4～8 个，后侧群 3～5 个。

[观察标本] 15♀♀，福建梅花山，1962-Ⅹ-24，周尧；4♀♀，海南那大，1963-Ⅳ-22，周尧，刘绍友。

[寄主] 柑橘，月桂，木兰，芦荟，玫瑰，大戟，美人蕉，石斛，百合，红千层，巴豆，柽柳，金盏菊，莎草，椰子，女贞，山茶，茶，杧果，苹果，李，山楂，菠萝，槟榔，桂花，蓖麻，木槿，鼠李，葡萄，木瓜。

[分布] 中国（湖南、北京、山东、江苏、浙江、福建、台湾、广东、广西、贵州、四川、江西、台湾），科摩罗群岛，几内亚，肯尼亚，马达加斯加，毛里求斯，莫桑比克，南非，坦桑尼亚，乌干达，桑给巴尔岛，津巴布韦，澳大利亚，斐济，法属波利尼西亚，基里巴斯，巴布亚新几内亚，图瓦卢，墨西哥，美国，巴西，智利，哥伦比亚，古巴，多米尼克，巴拿马，印度，印度尼西亚，蒙古，斯里兰卡，阿根廷，埃及，

德国，希腊，以色列，意大利，日本，摩洛哥，土耳其，英国，斯洛文尼亚。

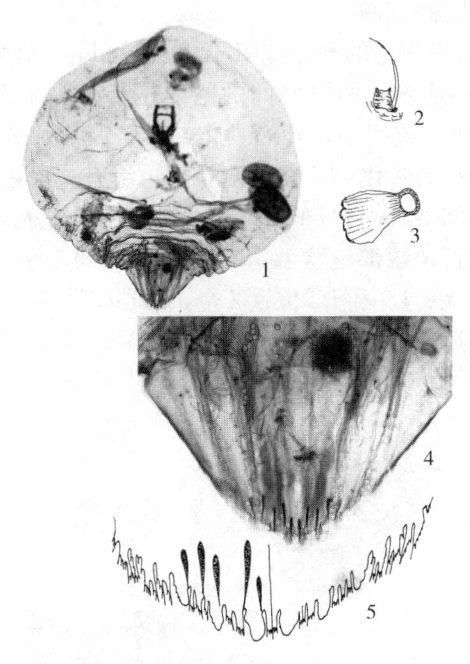

图 4-31　褐圆金顶盾蚧 *Chrysomphalus aonidum*（Linnaeus，1758）（♀）
1. 成虫体　2. 触角　3. 气门　4. 臀板　5. 臀板末端

拟褐圆金顶盾蚧 *Chrysomphalus bifasciculatus* Ferris，1938（图 4-32）

Chrysomphalus bifasciculatus Ferris，1938a：199.（Type locality：USA）

Chrysomphalus bifasciculatus；McKenzie，1939：57.

［雌介壳］介壳直径约为 2.5mm，圆形，深黄褐色。蜕皮位于整个介壳接近中心位置。

［雄介壳］介壳长约为 1.2mm，卵圆形，黄褐色，蜕皮位于

介壳接近前端位置。

［雌成虫］体倒梨形，表皮除臀板外保持膜质。体长 1.08～1.45mm，宽 0.80～1.25mm。触角瘤乳头状，具 1 弯曲的毛。前后气门均无盘状腺孔。

臀板有 3 对发达的臀叶：L1 长宽接近相等，外侧具 1 缺刻，内侧的缺刻不清晰，两臀叶间的间隔略小于 1 个臀叶的宽度；L2 与 L1 一样大或稍小，外侧具 1 缺刻；L3 比 L2 小，形状相似；L4 呈一小的骨化突，其外侧臀板边缘有一段距离骨化。臀栉发达，L1 间 1 对，和 L1 一样长，端部二次双分；L1 和 L2 间 1 对，比 L2 长，端部三次双分；L2 和 L3 间 3 个，比臀叶长，端部 4～6 分叉；L3 和 L4 位置 2 个，顶端略呈剑状。背腺管长，L1 间 1 个，远超肛门；第七和第八腹节 4～7 个；第六和第七腹

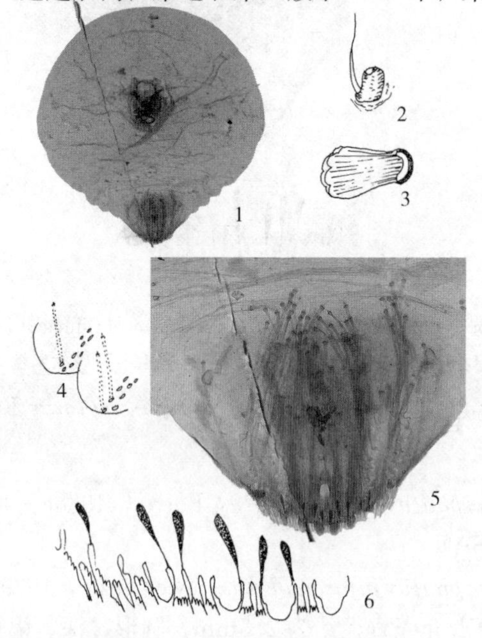

图 4-32　拟褐圆金顶盾蚧 *Chrysomphalus bifasciculatus* Ferris，1938（♀）

1. 成虫体　2. 触角　3. 气门　4. 臀前腹节腺管　5. 臀板　6. 臀板末端

节、第五和第六腹节分别有10～20个，有时排成1列，有时排成不规则的2列，有时甚至3行；L4外侧离L4不远处1个。第二和第三腹节每侧有3～10个背腺管，比臀板部位的背腺管短。背小腺管有一些沿着后胸边缘到胸的节结之间和基部第三腹节分布。

肛门纵径不短于L1长度，到L1基部的距离为肛门纵径的1.5～2.5倍；阴门位于臀板基部约1/3处。

围阴腺孔4群，前侧群2～7个，后侧群3～5个。

[观察标本] 2♀♀，云南景洪，1987-Ⅹ-24，李莉；24♀♀，云南景洪，1974-Ⅴ-23，袁锋；♀，云南勐伦，1974-Ⅳ-24，袁锋；3♀♀，陕西城固，1969-Ⅺ，周尧；4♀♀，浙江宁波，1956-Ⅻ；10♀♀，2007-Ⅷ-2，浙江乌岩岭，魏久锋。

[寄主] 油棕，甘蔗，杧果，牛心果，椰子，柑橘。

[分布] 中国（陕西、江苏、江西、广西、台湾、浙江），墨西哥，美国，蒙古，日本，韩国，乌克兰。

橙圆金顶盾蚧 *Chrysomphalus dictyospermi* （Morgan，1889）（图4-33）

Aspidiotus dictyospermi Morgan，1889：352.（Type locality：Guyana）

Aspidiotus mangiferae Cockerell，1893：255.

Chrysomphalus dictyosperms；Chou，1985：57.

[雌介壳] 圆形，介壳中央微微隆起。蜕皮位于介壳中心，橘红色。直径1.5～1.74mm。

[雄介壳] 长卵形，蜕皮在介壳末端。长1.04mm，宽0.72mm。

[雌成虫] 体阔梨形，臀板突出，表皮除臀板外仍然保持膜质。体长0.85～0.96mm，宽0.87～0.99mm。触角瘤状，侧面具1毛，前后气门无盘状腺孔。

臀板略呈梯形，末端有3对发达的臀叶，形状相似，大小不一。L1最大，L3最小，均长过于阔，向内倾斜，端圆，外侧角具深缺刻。臀栉发达，L1和L2间1对，端具齿，与臀叶一样长；L1和L2间2个；L2和L3间3个，端部斜，有细齿；L3外侧有3个阔臀栉，前两个内侧角尖出，中间伸出1解剖刀状的分支，分支和臀栉本身的外缘均锯齿状；最末1个臀栉分两叉，每叉的外侧锯齿状。臀板外缘有一半的长度骨化，呈3个齿状突出，第1齿非常明显，为L4的痕迹。厚皮棍每侧5条，L1两侧基角和L2与L3内侧角各发生1个，L2和L3之间的第2和第3臀栉之间发生1个。背腺管少，长度大小相同，相当粗；L1与L2间1组，2～3个；L3和L4内侧各1组，7～8个，排成长列。腹面有少数小腺管，分布在臀板侧缘未骨化的一段。后胸和臀前腹节背面沿侧缘各有2个小管，无亚缘的腺管群。

肛门小，开口于臀板近后端1/5处；阴门位于臀板基部约1/3处。

围阴腺孔4群，前侧群3～4个，后侧群1～3个。

［观察标本］2♀♀，上海，1980-Ⅳ-14，李玉。

［寄主］槭树，龙舌兰，石蒜，漆树，番荔枝，夹竹桃，天南星，槟榔，小檗，凤梨，黄杨，仙人掌，白花菜，忍冬，番木瓜，木麻黄，藤黄，使君子，菊，柏树，虎皮楠，柿树，樟树，百合，锦葵，桑科，桃金娘，木樨科，兰花，棕榈，芍药，茄子，茜草，红豆杉，榆树，姜，葡萄。

［分布］中国（台湾、山东、浙江、福建、广西、云南、湖南、湖北、四川、江西、山西），安哥拉，佛得角，几内亚，肯尼亚，马达加斯加，尼日利亚，南非，坦桑尼亚，乌干达，津巴布韦，澳大利亚，库克岛，斐济，基里巴斯，新喀里多尼亚，纽埃，巴布亚新几内亚，所罗门群岛，汤加，图瓦卢，墨西哥，美国，阿根廷，巴西，智利，古巴，哥伦比亚，萨尔瓦多，圭亚那，牙买加，巴拿马，秘鲁，印度，印度尼西亚，爪哇，蒙古，

菲律宾，斯里兰卡，泰国，阿尔及利亚，亚美尼亚，亚速尔群岛，科西嘉，捷克，法国，格鲁吉亚，希腊，伊朗，以色列，意大利，日本，马耳他，摩洛哥，波兰，葡萄牙，俄罗斯，西班牙，突尼斯，土耳其，英国。

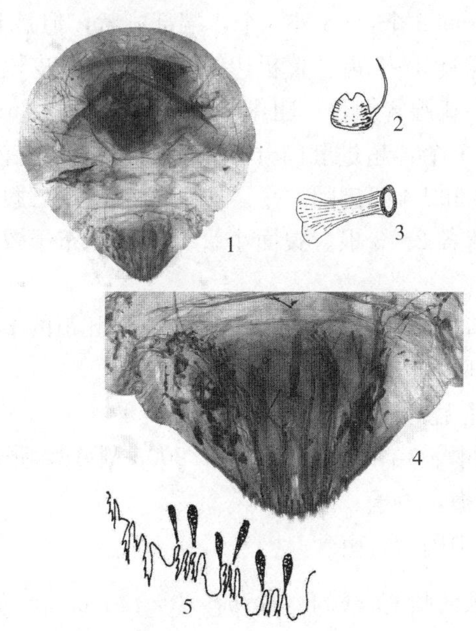

图 4-33 橙圆金顶盾蚧 *Chrysomphalus dictyospermi*（Morgan，1889）（♀）
1. 成虫体 2. 触角 3. 气门 4. 臀板 5. 臀板末端

梅金顶盾蚧 *Chrysomphalus mume* Tang，1984

Chrysomphalus mume Tang，1984：35.（Type locality：China）

［雌介壳］圆形，蜕皮在介壳中央位置，金黄色，直径约为 1.9mm。

［雄介壳］与雌介壳相似，较小，直径约为 0.9mm。

［雌成虫］体倒梨形，表皮除臀板外仍然保持膜质，体长 1.2mm，宽 1.03mm。触角瘤状，侧面具 1 毛，前后气门无盘状

腺孔。

臀板较小，突出，臀板背面硬化斑明显，末端有 3 对臀叶，同形，内外各具 1 深缺刻；L1 最大，L2 比 L1 小 1 倍，L3 更小，L4 呈一小的骨化突。臀栉发达，L1 间 1 对，L1 和 L2 间 2 个，L2 和 L3 间 3 个，L3 外 3 个，端部刷状，但是 L3 外 3 个端部双分，外缘具 3～5 齿。臀板边缘有成对的厚皮棍存在于臀叶间，共 5 对。背腺管细长，粗细相同。臀板每侧 26～30 个，排列为：L1 间 1 个，超过肛门开口；L1 和 L2 间 4 个；L2 和 L3 间 10 个；L3 和 L4 痕迹间 7 个。臀前第一到第三腹节及后胸每侧背缘小腺管各 2～3 根。腹面小管更细，分布于臀前腹节及臀板边缘。

肛门开口大，其纵径大于 L1 长，约为肛距的 2 倍；阴门位于近臀板基部约 1/3 处。

围阴腺孔无。

［观察标本］3♀♀，云南勐仑，2005-Ⅶ-18，张凤萍。

［寄主］梅，竹子。

［分布］中国（云南）。

雪氏金顶盾蚧 *Chrysomphalus silvestrii* chou，1946

Chrysomphalus silvestrii Chou，1946：3.（Type locality：China）

［雌介壳］近圆形或者略呈卵形；褐色，蜕皮略偏中心。长 2.30～2.58mm，宽 1.30～2.00mm。

［雄介壳］比雌介壳小，长卵形；蜕皮不在介壳中央位置。长 1.28mm，宽 0.70mm。

［雌成虫］体近圆形，长为 0.78～1.2mm，宽为 0.75～0.93mm，长稍大于宽；表皮除臀板外仍然保持膜质。触角瘤状，侧面生 1 刚毛。前后气门不连有盘状腺孔。

臀板突出，末端有 3 对发达臀叶。L1 大而且宽，两侧平行，基部收缩，内侧角有1浅缺刻，外侧角有2个比较深的缺刻；L2相似于L1，稍小；L1内缘圆形，外侧双重缺刻。厚皮棍共5对，L2和L3基角外发生的2个特别小，不明显。臀栉发达，L1间2个，狭窄，端部具齿；L2和L3间3个，侧面锯齿状，沿外侧有缺刻，L3外3～4个，阔而长，两分叉，内栉简单，外栉侧有多次缺刻。臀板背、腹面各有简单毛5对。背腺管细长，每侧排成3纵列；L1和L2间1短列，约3个；L3两侧各1长列，9～12个。腹腺管极细，分布于臀板边缘和围阴腺孔附近。臀板背面有表皮结4个，在臀板基部与前缘平行。

肛门小，位于臀板近端部约1/5处；阴门位于臀板近基部1/4处。

围阴腺孔4群，前侧群2～4个，后侧群2～3个。

[观察标本] 10♀♀，云南西双版纳，1945-Ⅶ-10，袁锋；3♀♀，新疆伊犁，1957-Ⅶ-3，章右安。

[寄主] 豆科，槭树。

[分布] 中国（云南、新疆）。

柑橘金顶盾蚧 *Chrysomphalus ficus* Ashmead，1880

Chrysomphalusficus Ashmead，1880.

Chrysomphalus ficus Chou，1982

[雌介壳] 颜色多变，平，圆形，蜕皮位于介壳中心位置。直径1.56～2.35mm。

[雄介壳] 无。

[雌成虫] 表皮老熟时前体部仍然保持膜质或有时候微微骨化，长为0.98～1.36mm，宽为0.65～0.97mm。触角具1刚毛。前后气门均无盘状腺孔。

臀板末端具3对大小相似的臀叶。L1略等于宽，外侧1深缺刻；两臀叶间距比每个臀叶的宽度窄。L2形状和大小与L1特别相似。L3稍小，外缘倾斜处具锯齿。臀栉发达，分布正常；L3和L4间前2个臀栉具解剖刀状突起。背腺管分布：L1间1个腺管，远超肛门；第七和第八腹节间3～4个；第六和第七腹节间17～27个；第五和第六腹节间形成不规则的2列或3列；第五腹节边缘有1个。第二腹节分布有6～19个亚缘腺管，横向排列，比臀板上的短。背小腺管沿后胸直到胸瘤之间和3个腹节之间均有分布，数量少。

肛门纵径与L1长度相等，到L1基部的距离约为其纵径的2倍；阴门位于臀板基部约1/3处。

围阴腺孔4群，前侧群3～6个，后侧群3～6个。

[观察标本] 3♀♀，广西桂林胜利桥，2010-Ⅷ-9，魏久锋，张斌；7♀♀，福建农林大学，2003-Ⅷ-13，王培明。

[寄主] 柑橘。

[分布] 中国（云南、广西、福建）。

松针金顶盾蚧 *Chrysomphalus pinnulifer*（Maskell，1891）rec. nov.（图4-34-1，图4-34-2）

Diaspis pinnulifera Maskell，1891：4.（Type locality：FiJi）

Chrysomphalus pinnulifer；Balachowsky，1928：276.

Aspidiotus pinnuliferus；Ferris，1941：47.

Chrysomphalus pinnulifer；Gomez-Menor Ortega，1957：46.

[雌介壳] 圆形或近圆形，蜕皮位于介壳亚中心位置；直径为1.58mm。

[雄介壳] 长形，白色，直径1.27mm。

[雌成虫] 体圆形或卵圆形，体长0.76～0.98mm，宽0.65～0.68mm。表皮除臀板外仍然保持膜质。触角具1毛。前后气门均无盘状腺孔分布。

臀板末端具3对发达的臀叶，L1和L3形状和大小均相似，外侧具1缺刻；L3细长，外侧具2～3个缺刻，L4呈一骨化的突起；L4外侧有一些骨化的边缘。臀栉发达，L1间2个，L1和L2之间2个，L2和L3之间3个，L3外3个，端部双分。厚皮棍6对，L1和L2内外基角各1对，L3内基角1对，L2和L3之间第二臀栉伸出1个。臀板背面腺管少，L1间1个，远超肛门；L1和L2之间2个；L2和L3之间5个；L3外侧7个，细长，比L1间、L1和L2之间的细，但长。臀前腹节分布不超过3或4个边缘腺管。

肛门大，到L1基部的距离约为其纵径的1.5倍。

围阴腺孔4群，前侧群2～4个，后侧群2～4个。

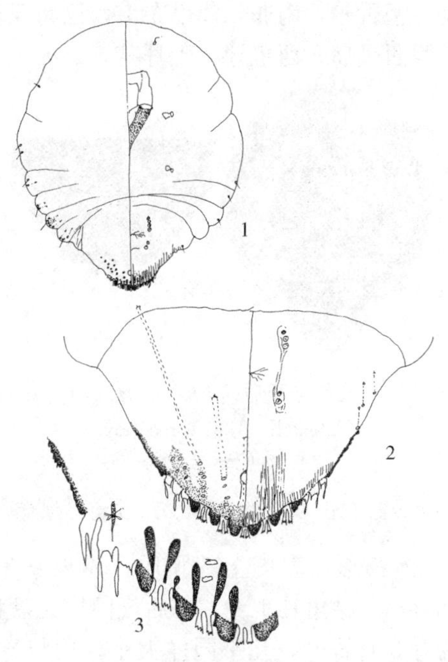

图4-34-1　松针金顶盾蚧 *Chrysomphalus pinnulifer* (Maskell, 1891) rec. nov.（♀）

1. 成虫体　2. 臀板　3. 臀板末端

注：本种与本属种 *C. dictyospermi* 相似，但是可以从以下特征区分：①第二和第三腹节节间沟背腺管数量明显少于后者；②后者臀叶均斜向体中轴，而本种与体中轴平行。

［观察标本］3♀♀，广西桂林胜利桥，2010-Ⅷ-9，魏久锋，张斌；6♀♀，云南昆明市，1983-Ⅹ-1，武春生。

［寄主］龙舌兰，龙血树，新西兰麻，杧果，荔枝，苏铁，野草莓，卫矛，月桂，番石榴，芭蕉，豇豆，兰花，凤兰，香草，女贞，茉莉，木菠萝，剑兰，无花果，椰子，柑橘，柳树，紫杉。

［分布］中国（广西、云南），安哥拉，肯尼亚，马达加斯加，莫桑比克，塞舌尔，南非，津巴布韦，巴布亚新几内亚，阿根廷，巴西，西西里岛，西班牙，土耳其。

图 4-34-2　松针金顶盾蚧 *Chrysomphalus pinnulifer* (Maskell, 1891) rec. nov.（♀）

1. 成虫体　2. 臀板

溆浦金顶圆盾蚧 *Chrysomphalus xupuensis* sp. nov.（图 4-35）

［雌成虫］体圆形，表皮全部膜质。体长 0.82～1.38mm，宽 0.85～0.97mm。触角具 1 毛。前后气门均无盘状腺孔。

臀板末端有 3 对臀叶，几乎同样大小，均与身体中轴平行。L1 具内外缺刻，内缺刻浅，外缺刻深，间距约为一个臀叶的宽度；L2 和 L3 比 L1 小，形状与 L1 相似，只外侧具缺刻。臀栉发达，L1 间 1 对，端部分叉；L1 和 L2 之间 2 个，端部分叉；

L2 和 L3 之间 3 个，侧面具齿；L3 外 3 个，分双叉，外侧的一枝长于内侧的一枝，呈解剖刀状。背腺管 2 种大小，腺管管口的毛细长，叶间的边缘腺管粗，约为亚缘腺管的 2 倍。边缘腺管分布：L1 间 1 个，远超肛门，几乎达到阴门位置；L1 和 L2 之间 1 个，L2 和 L3 之间 2 个；L3 外侧边缘腺管 2 个，与亚缘腺管一样粗。亚缘腺管分布：L1 和 L2 之间 2 个，特别长，几乎达到臀板基部；L2 和 L3 之间分两列，第一列 4～5 个，第二列 4～6 个；L3 外侧第三臀栉位置一列约 6 个，L4 痕迹外侧分布少许，亚缘腺管长度一样。第一腹节有 1～2 个短的背腺管，第二到第三腹节无短腺管分布。厚皮棍细长，每侧 7 条，L1 内外基部伸出 2 条；L2 内外基部伸出 2 条，内侧一个长，外侧一个短小，

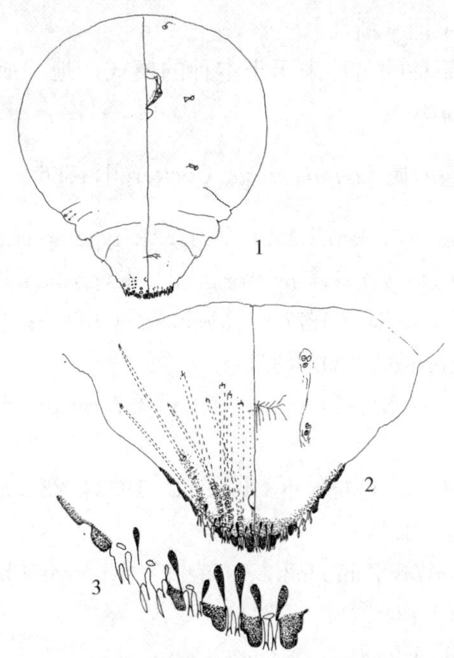

图 4-35　溆浦金顶圆盾蚧 *Chrysomphalus xupuensis* sp. nov.（♀）

1. 成虫体　2. 臀板　3. 臀板末端

但可见；L3 内外基部伸出 2 条，内侧一个长，外侧一个短；L2 和 L3 之间第二臀栉位置伸出 1 条，细长。

肛门开口小，其纵径几乎与 L1 长度一样，到 L1 基部的距离约为其纵径的 1.5 倍；阴门位于臀板近基部 1/3 处。

围阴腺孔 4 群，前侧群 3～4 个，后侧群 2～3 个。

注：本种与 *C. dictyospermi* 相似，但可以从以下特征区分：①本种臀前腹节只第一腹节有短背腺管，而后者臀前腹节每节均有 12 个；②前者臀板背腺管明显比后者长。

［观察标本］正模，♀，浙江溆浦人民委员会大院，1959-Ⅺ-12；副模，2♀♀，同正模。

［寄主］大叶黄杨。

［分布］中国（浙江）。

［词源］新种的名称来源于本种的模式产地“浙江溆浦”的拼音“*xupuensis*”。

6. 栉圆盾蚧属 *Hemiberlesia* Cockerell，1896

Hemiberlesia Cockerell，1897：9. 12. 31. Type species：*Aspidiotus rapax* Comstock，1881，by original designation. Homonym of *Asipdites* in Reptilia（1877），Mollusca（1895）；discovered by Cockerell in Leonardi，1897：375.

Marlattaspis MacGillivray，1921：387. Synonymy by Ferris，1937：82.

Hemiberlesea Thiem et Gerneck，1934：232. Synonymy by Ferris，1937：54.

Borchseniaspis Zahradnik，1959：67. Synonymy by Williams et Watson，1988：134.

［模式种］*Aspidiotus rapax* Comstock，1897

［雌介壳］近圆形，隆起，颜色多变；蜕皮位于介壳中心位置。

［雌成虫］体阔梨形，臀板阔圆形，只1对发达的L1；L2和L3退化或消失，呈刺状与侧臀栉混淆；L1发达，粗壮，坚硬而相向。臀栉发达，L1间臀栉退化；侧臀栉发达，粗，分叉、分枝或端部缨状，有刺，比L2和L3发达；外臀栉有或没有，数目少，与侧臀栉同样构造，分枝较少。臀板边缘在节间沟的两侧有程度高的骨化，在第七和第八腹节以及第六和第七腹节有成对的节间厚皮棍。背腺管单栓式，细，线状，长；管口近圆形。

肛门大，直径超过L1的宽度；位于臀板近端部1/4处。围阴腺孔有或没有。触角只1毛，前后气门均无盘状腺孔。

注：本属与*Abgrallaspis*相似，但是可以从肛门的大小进行区分（主要是通过与L1宽度的比较），另外通过与L1基部末端的距离。*Abgrallaspis*与L1之间的距离长于肛门直径，而本属则短。

［分布］古北区，非洲区，澳洲区，新热带区，东洋区，新北区。

全世界记载34种，中国记载8种，其中1新种。

分种检索表

1 无围阴腺孔……………………………………………………………… 2
有围阴腺孔……………………………………………………………… 7
2 L1之间臀栉端部尖………………红叶李栉圆盾蚧 *H. ceraifera* sp. nov.
L1之间臀栉端部分叉……………………………………………………3
3 L1外侧有缺刻，臀栉与L1一样长………………………………………
………………………………………………桂花栉圆盾蚧 *H. rapax* (Comstock)
L1两侧均具缺刻，臀栉长度不等于L1长……………………………… 4
4 肛门大，纵径与L1等长，到L1基部的距离约为肛门纵径的2倍……
…………………………………………马尾栉圆盾蚧 *H. massonianae* Tang
肛门大，到L1基部的距离小于肛门纵径的2倍…………………………5
5 背面基部有4个横的骨化区，腹面有1对长的纵骨化区…………………

……………………………杜鹃栉圆盾蚧 *H. chipponsanensis* (Takahashi)

背面无骨化区………………………………………………………………………………… 6

6 虫体前体部无任何腺管………………… 中华栉圆盾蚧 *H. sinensis* Ferris

前气门的前面，前、后气门间一横列腹面小腺管………………………………

………………………………………松栉圆盾蚧 *H. pitysophila* Takagi

7 臀栉比 L1 长，肛门与 L1 基部的距离等于肛门纵径………………………

………………………………… 夹竹桃栉圆盾蚧 *H. palmae* (Cockerell)

臀栉短于 L1 长，肛门与 L1 基部的距离大于肛门纵径…………………

……………………………………棕榈栉圆盾蚧 *H. lataniae* (Signoret)

杜鹃栉圆盾蚧 *Hemiberlesia chipponsanensis* (Takahashi, 1935)

Aspidiotus chipponsanensis Takahashi, 1935: 33. (Type locality: China)

Hemiberlesia chipponsanensis Borchsenius, 1966: 304.

［寄主］杜鹃花。

［分布］中国（台湾）。

松栉圆盾蚧 *Hemiberlesia pitysophila* Takagi, 1969

Hemiberlesia pitysophila Takagi, 1969: 79. (Type locality: China)

［寄主］松树。

［分布］中国（台湾）。

中华栉圆盾蚧 *Hemiberlesia sinensis* Ferris, 1953

Hemiberlesia sinensis Ferris, 1953: 66. (Type locality: China)

Hemiberlesia sinensis; Danzig et Pellizzari, 1998: 275.

Hemiberlesia sinensis; Chou, 1982: 302.

［寄主］夹竹桃。

［分布］中国（云南）。

马尾栉圆盾蚧 *Hemiberlesia massonianae* Tang，1984

Hemiberlesia massonianae Tang，1984：50.（Type locality：China）

［雌介壳］圆形，淡棕色。

［雄介壳］长形，颜色和质地与雌介壳相似。

［雌成虫］体倒梨形，略长，长为1.18mm，宽为0.88mm。表皮除臀板略骨化外，其余仍然保持膜质。

臀板边缘宽圆形，臀叶3对，L1大而硬化，L2和L3小而退化。L1之间间距约为每叶半宽，L1内外各一深缺刻，L2和L3长锥状，无缺刻，L1基部硬化明显。板缘厚皮棍每侧2对，短槌状，位于二叶间。臀栉刷状，数目排列为：2，2，3，3。缘毛粗长。臀板细长，稀疏分布于臀板背面。第三腹节背腺管每侧3根。

肛门大，纵径约与L1等长，肛后沟发达，其长约为肛门纵径的2倍。

围阴腺孔无。

注：此种与*rapax*相似，但是本种L1基部硬化发达，L1间距较大。

［观察标本］2♀♀，广东广州，1978-Ⅶ-5，周尧。

［寄主］松树。

［分布］中国（广东）。

夹竹桃栉圆盾蚧 *Hemiberlesia palmae*（Cockerell，1892）

Aspidiotus rapax palmae Cockerell，1892：333.

Aspidiotus palmae Cockerell，1893：39.（Type locality：Jamaica）

Aspidiotus unguiculatus Leonari，1914：199. Synonymy by Laing，1929：486.

Aspidiotus javanensis Kuwana et Muranatsu，1931：654.

Hemiberlesia palmae；Williams et Watson，1988：134.

［雌介壳］圆形，高隆起，黄白色；蜕皮位于介壳中央位置偏侧，黑色。直径 1.5～2.34mm。

［雄介壳］质地和色泽与雌介壳相似，但较小。直径 1.28～1.93mm。

［雌成虫］倒梨形，体长 1.07～1.52mm，宽 0.65～0.68mm。表皮除臀板微骨化外其余仍然保持膜质。

臀板宽短，末端臀叶 3 对，L1 大而突出，基部骨化发达，有内外深缺刻，L1 两叶垂直向下，间距约为 1 叶宽；L2 细长，梭形，不骨化；L3 退化为一骨化突。臀栉数目排列为：2，2，3，3。长过 L1，刷状。臀背腺管细长，稀疏排列在臀板背面，第五腹节前无。臀板腹面小管细短，沿臀板缘及胸、腹缘分布，直至后胸侧瘤附近。

肛门很大，纵径大于 L1 长，肛后沟发达，长度约等于肛门纵径；阴门位于臀板近中央位置。

围阴腺孔 4 群，前侧群 2～6 个，后侧群 4～6 个。

注：本种区别于其他属的特征为：臀栉极其发达，背腺管少，L3 梭状。

［观察标本］4♀♀，贵州铜仁，2009-Ⅷ-6，魏久锋。

［寄主］爵床，龙舌兰，漆树，番荔枝，夹竹桃，天南星，阳桃，凤梨，大戟，大风子，禾本科，蝎尾蕉，豆科，千屈菜，兰花，金莲木，棕榈，茄子，芸香，山茶，椴树，姜，金莲木，松树。

［分布］中国（云南、贵州），安哥拉，喀麦隆，加纳，几内亚，肯尼亚，塞舌尔，南非，坦桑尼亚，澳大利亚，斐济，基里巴斯，巴布亚新几内亚，墨西哥，美国，阿根廷，玻利维亚，巴西，智利，古巴，多米尼克，圭亚那，巴拿马，秘鲁，印度，印度尼西亚，菲律宾，蒙古，新加坡，斯里兰卡，泰国，捷克，德

国，波兰，葡萄牙，英国。

棕榈栉圆盾蚧 *Hemiberlesia lataniae* (Signoret，1869)（图 4-36）

Aspidiotus lataniae Signoret，1869：860.

Aspidiotus lataniae Signoret，1869：124.（Type locality：France）

Aspidiotus cydoniae Comstock，1881：295. Synonymy by Green，1900：71.

Aspidiotus punicae Cockerell，1893：255. Synonymy by Ferris，1938：190.

Hemiberlesia lataniae；Borchsenius，1966：306.

Hemiberlesia lataniae；Chou，1985：302.

[雌介壳] 圆形，灰白色或灰褐色；蜕皮大，长卵形。直径为1.0～2.5mm。

[雄介壳] 椭圆形，蜕皮位于介壳端部。长1～1.68mm，宽0.75～0.99mm。

[雌成虫] 体梨形，体长0.91～1.36mm，宽0.67～0.90mm。表皮膜质。触角瘤圆锥形，端有3～4个小齿，侧面具1刚毛。前后气门开口肾脏形，无盘状腺孔。

臀板阔三角形。臀板具1对臀叶，L1大而硬，端部阔圆，内外端角各有1明显缺刻，左右两臀叶均向内倾斜并互相接近而留下很窄的空间。L2和L3呈极小的膜质突状，有时L3完全消失。臀栉比L1短，L1间2个，窄而且尖，L1和L2间2个，端部缨状；L2和L3间3个，外侧缨状；L3外1～2个，趋于退化。厚皮棍每侧2个，短弧形，位于臀部边缘第七和第八腹节及第六和第七腹节的腺沟两侧。背腺管细，线状；L1间1个，直达肛门后缘，其余排成3列：第一腺沟间2个，第二腺沟5～10个，第五和第六腹节3～6个，后2列都分布终至臀板基部的表皮褶皱。腹面第五和第六腹节有成组的亚缘小腺管。

肛门大，圆形，直径超过 L1 的长度，位于近臀板末端，到 L1 基部的距离大于其自身的纵径；阴门位于臀板近中部。

围阴腺孔 4 群，前侧群 2～10 个，后侧群 1～7 个。

[观察标本] 10♀♀，云南河口，1974-Ⅶ-10，袁锋；7♀♀，福建农林大学，2003，王培明；2♀，云南景洪，1974-Ⅴ-22，袁锋。

[寄主] 棕榈，爵床，猕猴桃，龙舌兰，石蒜，漆树，番荔枝，夹竹桃，冬青，天南星，刺五加，可可，半日花，柏树，苏铁，莎草，柿树，厚壳树，胡颓子，禾本科，豆科，百合，桑，

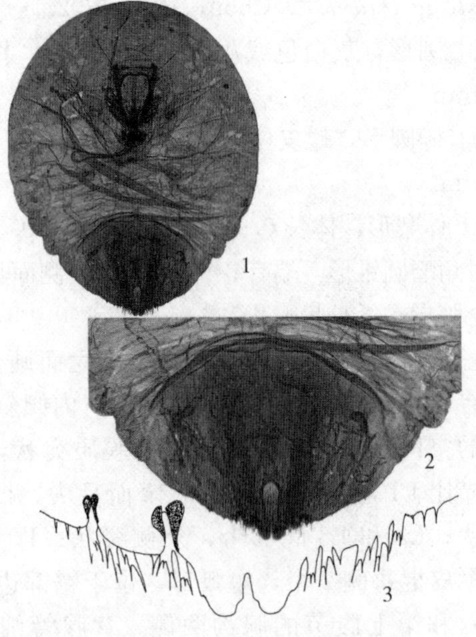

图 4-36　棕榈栉圆盾蚧 *Hemiberlesia lataniae* (Signoret，1869)（♀）

1. 成虫体　2. 臀板　3. 臀板末端

山嵛菜，桂花，柳叶菜，松树，石榴，蔷薇，茜草，无患子，芸香，梧桐，葡萄，鹤望兰，虎皮草。

[分布] 中国（台湾、广东、福建、浙江、江苏、云南、贵州、湖北），安哥拉，喀麦隆，几内亚，肯尼亚，马达加斯加，莫桑比克，南非，苏丹，坦桑尼亚，乌干达，津巴布韦，澳大利亚，斐济，新西兰，巴布亚新几内亚，墨西哥，美国，巴西，多米尼克，圭亚那，印度，印度尼西亚，蒙古，菲律宾，阿尔及利亚，埃及，法国，捷克，希腊，以色列，日本，摩洛哥，波兰，葡萄牙，西班牙，土耳其，英国。

桂花栉圆盾蚧 *Hemiberlesia rapax*（Comstock，1896）（图4-37）

Aspidiotus rapax Comstock，1881：307.（Type locality：USA）

Aspidiotus lucumae Cockerell，1899：22. Synonymy by Ferris，1938：190.

Hemiberlesia argentina Leonardi，1911：237. Synonymy by Borchsenius，1966：310.

Hemiberlesia rapax；Ferris，1938：244.

Hemiberlesia rapax；Chou，1985：301.

[雌介壳] 高隆起，蜕皮接近介壳边缘。直径1.5～2.3mm。

[雌成虫] 体梨形，体长0.85～1.03mm，宽0.75～1.02mm。老熟时表皮仍然保持膜质。后胸及第一至第五腹节多为亚缘腹腺管。触角圆锥形，端有3～4个小齿，侧面生1刚毛。前后气门开口椭圆形，前后气门都无盘状腺孔。

臀板阔，具1对臀叶，发达，长宽相当，端圆，外侧缺刻不明显，互相接近而向内倾斜。L2和L3退化，在臀板边缘的腺沟外呈齿状。腺沟2对，明显；侧缘各有1对短弧状厚皮棍。臀栉发达，中臀栉窄，端齿式；侧臀栉粗，5对，生在2腺沟内，第一腺沟 2 对，第二腺沟 3 对，向内方倾斜，简单而分叉，有小齿，与 L1 一样长；第二腺沟外的臀栉 2～3 对，与侧臀栉一样或刺状。背腺管细，线状，管口圆形；开口在第一腹沟内的 2～4 个，开口在第二腹沟内的 4～8 个，排成斜列，第五腹节上有几个单独的分布。腹面边缘每侧有 3 组微小的腺管，6～12 个 1 组。

肛门圆，大，直径大于 L1 的宽度，位置近臀部末端，与 L1 基部的距离小于本身纵径。

围阴腺无，围阴脊起明显。

注：本种与 *H. lataniae* 相似，但是可以从臀板腹面有无围阴腺孔来区分。

［观察标本］8♀♀，云南丽江市，2005-Ⅷ-11，张凤萍；1♀，云南昆明，1974-Ⅴ-15，周尧，袁锋；5♀♀，云南昆明植物园，

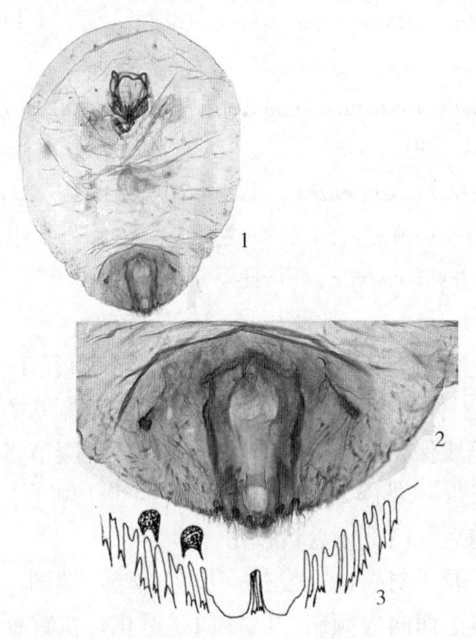

图 4-37 桂花栉圆盾蚧 *Hemiberlesia rapax*（Comstock，1896）（♀）

1. 成虫体 2. 臀板 3. 臀板末端

1974-Ⅳ-16，袁锋；5♀，福建龙岩，2009-Ⅷ-15，王亮红。

［寄主］柑橘，苹果，芸香，桃，杏，山楂，枇杷，橄榄，无花果，桑，茶，龙眼，柿树，鼠李，柳树，白杨，冬青，杧果，漆树，黄杨，油桐，番樱桃，番石榴，栗，桂花，樟树，扁豆，紫荆，洋槐，相思树，葫芦，玉兰，连翘，白蜡树，女贞，常春藤，鸡蛋花，夹竹桃，仙人掌，婆婆纳，芦荟，苏铁。

［分布］中国（云南、福建、台湾），安哥拉，肯尼亚，马达加斯加，马拉维，塞舌尔，南非，坦桑尼亚，津巴布韦，澳大利亚，新西兰，墨西哥，美国，阿根廷，玻利维亚，巴西，哥伦比亚，哥斯达黎加，古巴，厄瓜多尔，危地马拉，乌干达，印度，印度尼西亚，希腊，伊朗，以色列，法国，波兰，西班牙，土耳其。

红叶李栉圆盾蚧 *Hemiberlesia ceraifera* sp. nov.（图 4-38）

［雌介壳］圆形，蜕皮接近介壳中央位置，棕褐色，直径 1.85～2.54mm。

［雌成虫］体近圆形或椭圆形，长 1.05～1.52mm，宽 0.80～1.23mm。触角具 1 毛。前后气门均无盘状腺孔。

L1 大，外侧有 1 缺刻，内侧缺刻不明显，不可见，两叶间距小。L2 和 L3 均小，特化为一突起。臀栉发达超过臀叶长度，L1 间 1 对，端部尖；L1 和 L2 之间 3 个，端部分叉多；L3 外侧 3 个，端部分叉多。背腺管短，数量少，L1 间无；L1 和 L2 之间 2 个；L2 和 L3 之间 4 个，L3 外侧有 2～3 个分布，不排成系列。臀板分布有 2 对弧形的厚皮棍。腹腺管短小，数量多，每侧 8～10 个。

肛门大而圆，其纵径约为 L1 长。肛门底部到 L1 基部的距离约为肛门纵径的 1/2；阴门约位于臀板近中部。

围阴腺孔无。

注：本种无围阴腺孔，相似于 *Hemiberlesia rapax*，但可从以下两方面进行区分：①新种 L1 之间臀栉端部尖，而后者分叉；②本种围阴脊起无，而后者明显。

［观察标本］正模：♀，云南大理，2005-Ⅷ-7，张凤萍；副模，5♀♀，同正模。

［寄主］红叶李。

［分布］中国（云南大理）。

［词源］新种名为“*caraifera*”，“红叶李”来源于正模寄主植物。

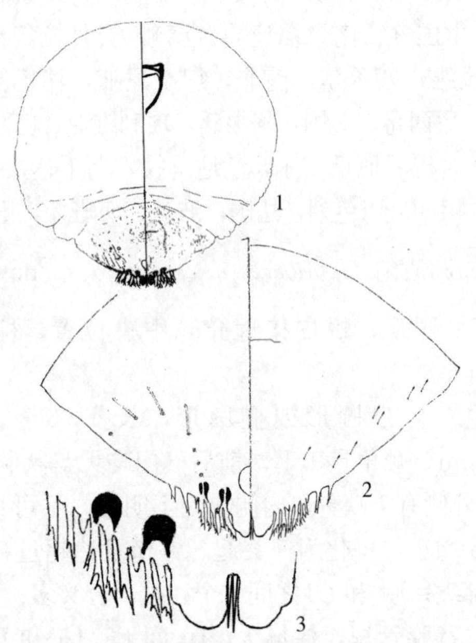

图 4-38 红叶李栉圆盾蚧 *Hemiberlesia ceraifera* sp. nov.（♀）
1. 成虫体 2. 臀板 3. 臀板末端

7. 灰圆盾蚧属 *Diaspidiotus* Berlese，1896

Aspidiotus（*Diaspidiotus*）Berlese et Leonardi，1896：350. Type species：*Aspidiotus*（*Diaspidiotus*）*patavinus* Berlese，in：Berlese et Leonardi，1896，by monotypy.

Affirmaspis MacGillivray，1921：393. Synonymy by

Morrison，1966：4.

Comstockaspis MacGillivray，1921：391. Synonymy by Ferris，1937：53.

Ferrisaspis MacGillivray，1921：299. Synonymy by Ferris，1937：54.

Forbesaspis MacGillivray，1921：388. Synonymy by Ferris，1938：255.

Hendaspidiotus MacGillivray，1921：388. Synonymy by Ferris，1937：55.

Quadraspidiotus MacGillivray，1921：388. Synonymy by Danzig，1993：177.

Euraspidiotus Thiem et Gerneck，1934：231. Synonymy by Ferris，1937：54.

Paraspidiotus Thiem et Gerneck，1934：231. Synonymy by Ferris，1941：41.

Archaspis Bodenheimer，1943：25. Synonymy by Ben-Dov，1980：264.

Diaspidiotus MacGillivary，1921：388.

Quadraspidiotus；Tang，1982：60. Synonymy by Ben-Dov，2003.

Diaspidiotus；Tang，1982：60.

［模式种］*Aspidiotus*（*Diaspidiotus*）*patavinus* Berlese，1896

［雌成虫］体倒梨形，体前部多骨化，有些种类膜质。

臀板上的臀叶骨化，臀板末端一般 2 对臀叶，有些种类 3 对，均斜向体中轴，臀叶外侧常有缺刻。节间骨化棒槌状，每侧 2 对，从 L1 和 L2 之间的腺沟旁伸出。臀栉小，仅存于 L1 和 L2 间或无，有些种类 L3 外也有。肛后沟发达，背腺粗长，在臀板背面排成定列，形成腺沟，但此腺沟前端不向肛门前弯曲。

肛门小，与 L1 等宽或稍小，位于臀板后 1/3 处附近。

围阴腺孔有或无。

［分布］古北区，东洋区，新北区，非洲区，新热带区，澳洲区。

本属全世界分布87种，中国分布14种，其中1新种。

分种检索表

1　有围阴腺孔……………………………………………………………… 2
　　无围阴腺孔……………………………………………………………… 7
2　臀叶1对………………………………………………………………… 3
　　臀叶3对………………………………………………………………… 4
3　臀栉端部锯齿状………………土伦灰圆盾蚧 *D. turanicus*（Borchsenius）
　　臀栉端部指状……………板栗灰圆盾蚧 *D. perniciabilus* Wang et Zhang
4　L1之间2个臀栉………………桦灰圆盾蚧 *D. ostreaeformis*（Curtis）
　　L1之间无臀栉…………………………………………………………… 5
5　围阴腺孔2～4群……………………突灰圆盾蚧 *D. slavonicus*（Green）
　　围阴腺孔5群……………………………………………………………… 6
6　背腺管总数不超过30个………柞灰圆盾蚧 *D. cryptoxanhus*（Cockerell）
　　背腺管总数70～90个…………杨灰圆盾蚧 *D. gigas*（Thiem et Gerneck）
7　臀叶2对…………………………………冷杉灰圆盾蚧 *D. makii*（Kuwana）
　　臀叶3对………………………………………………………………… 8
8　第二对厚皮棍相当长，超过肛门高度……………………………………
　　……………………………………………桧灰圆盾蚧 *D. cryptus*（Ferris）
　　第二对厚皮棍短，不超过肛门高度……………………………………… 9
9　L1两侧均具深缺刻…………………………………………………… 10
　　L1仅外侧具缺刻……………………………………………………… 12
10　背腺管在臀板部位只分布在边缘……………………………………
　　……………………………………新疆灰圆盾蚧 *D. xinjiangensis* Tang
　　背腺管在臀板的亚缘和边缘均有分布………………………………… 11

11 厚皮棍 2 对………………… 厚皮香灰圆盾蚧 *D. ternstroemiae* (Ferris)

厚皮棍 5 对……………………………… 宁夏灰圆盾蚧 *D. dateus* sp. nov.

12 L3 外无臀栉 ……………………………………………………………… 13

L3 外臀栉 3～4 对……………… 梨灰圆盾蚧 *D. perniciosus* (Comstock)

13 腹面腺管只分布在边缘………沙枣灰圆盾蚧 *D. elaeagni* (Borchsenius)

腹面腺管在亚缘和边缘均有分布………………………………………………

………………………………辽宁灰圆盾蚧 *D. liaoningensis* (Tang)

柞灰圆盾蚧 *Diaspidiotus cryptoxanhus* (Cockerell, 1900)

Aspidiotus (*Diaspidiotus*) *cryptoxanthus* Cockerell, 1900: 71. (Type locality: Japan)

Quadraspidiotus cryptoxanthus; MacGillivray, 1921: 411. Synonymy by Danzig, 1993: 177.

Diaspidiotus cryptoxanthus; Danzig et Pellizzari, 1998: 230.

[雌介壳] 圆形到椭圆形，微微隆起；直径 1.2mm。

[雄介壳] 长形，灰色。长约 1.5mm。

[雌成虫] 体倒梨形，臀前腹节膜质或略骨化。体长约 0.80mm，宽 0.60mm。

臀板近三角形。臀板末端有 3 对臀叶，L1 紧靠，其间无臀栉，臀叶形状宽短，外侧斜，具浅缺刻；L2 外缘 1～2 个缺刻，L2 比 L1 小但很明显；L3 小或不见。臀栉刺状或刷状，小，L1 间 1 个，L1 和 L2 间 3 个。骨化棒在 L1 间 1 对，L1 和 L2 间 1 对，L2 和 L3 间 1 对，侧叶间的骨化棒粗而呈棍状。臀背腺短而粗，管口椭圆，微微骨化，排列为：L1 间 1 个，开口超过肛门；L2 外侧基部 1 个，之后又 3～9 个，为不规则斜列；另外 9～16 个呈 1 斜列。第四腹节有亚缘背腺管 1 群，第二到第三腹节亚缘背腺管也有分布，臀前腹节也有亚中部小管分布。

肛门圆而小，靠近后端。

围阴腺孔 5 群，中群 0～4 个，前侧群 17～21 个，后侧群

16～19 个。

注：本种与 *D. pyri* 相似，但是后者第四腹节无成群亚缘背腺管。

[观察标本] 1♀，上海，1980-Ⅳ-10；6♀♀，上海，1956-Ⅺ-26。

[寄主] 栎树，栗，杨树。

[分布] 中国（山东、福建、浙江、上海），日本。

桧灰圆盾蚧 *Diaspidiotus cryptus*（Ferris，1953）

Quadraspisiotus cryptus Ferris，1953：67.（Type locality：China）

Diaspidiotus cryptus；Danzig et Pellizzari，1998：230.

[雌介壳] 相当平，近圆形，介壳位于臀板中央位置。直径 1.20mm。

[雄介壳] 无。

[雌成虫] 体近圆形。平均体长 0.65mm，平均宽 0.55mm。表皮全部膜质，只前体部的边缘和臀板骨化。触角瘤上 1 刚毛，前后气门无盘状腺孔。

臀板有 3 对比较明显的臀叶，L4 呈一小的骨化突。L1 短，外侧有 2 缺刻；L2 比 L1 小，窄，外侧角 1 缺刻；L3 更小。L1 内基角连 1 个小的厚皮棍，基外角的厚皮棍长，超过肛门；L3 基内角的厚皮棍和 L2 与 L3 之间腺沟上的厚皮棍都小而短。臀栉在 L1 间、L1 和 L2 间、L2 和 L3 间各 2 个，小而尖；L3 和 L4 之间 3～4 个，阔且端部分叉。背腺管细，短，数目少，L1 和 L2 之间的腺沟内 2～3 个排成一列，L2 和 L3 之间腺沟内 5～6 个，L3 以外 5～6 个，臀前腹节边缘有 1～2 个。

肛门位置接近臀板末端，阴门在臀板中央以后。

围阴腺孔无。

[观察标本] 4♀♀，云南景洪，2005-Ⅷ-27，张凤萍；

5♀♀，云南昆明宜良，2005-Ⅶ-29，张凤萍。

［寄主］桧。

［分布］中国（云南）。

沙枣灰圆盾蚧 *Diaspidiotus elaeagni*（Borchsenius，1939）（图 4-39）

Aspidiotus elaeagni Borchsenius，1939：35.（Type locality：Kyrgyzstan）

Diaspidiotus elaeagni Borchsenius，1950b：230.

［雌介壳］圆形，灰白色。直径 2～2.35mm。

［雄介壳］长椭圆形。约 1.1mm。

［雌成虫］体倒梨形，长 1.33～1.52mm，宽为 1.1～1.23mm。全体硬化。触角具 1 毛。前后气门均无盘状腺孔。

臀板突出，臀板末端有臀叶 3 对，仅 L1 发达，L2 和 L3 很小，为臀板边缘骨化点。L1 宽约为长的 2 倍，端圆，外侧斜而有 1 浅缺刻。臀栉刺状，极小，存在于臀叶之间。臀板边缘厚皮棍发达，从臀叶之间伸出。臀板背腺管粗而短，在臀板面排成系列：L1 间 1 个，开口直达肛门；L1 和 L2 之间 4 个，L2 和 L3 之间 5～6 个，第五和第四腹节分别有 12～13 个和 7～8 个。第二和第三腹节每侧分布为 6～7 个。腹面背腺管更细小，分布在臀部边缘部分。

肛门小而远离 L1，肛后沟发达。

围阴腺孔无。

［观察标本］2♀♀，甘肃省敦煌，1964-Ⅵ-21，周尧，刘绍友。

［寄主］沙枣。

［分布］中国（新疆、宁夏、青海、内蒙古），亚美尼亚，哈萨克斯坦，塔吉克斯坦，吉尔吉斯斯坦。

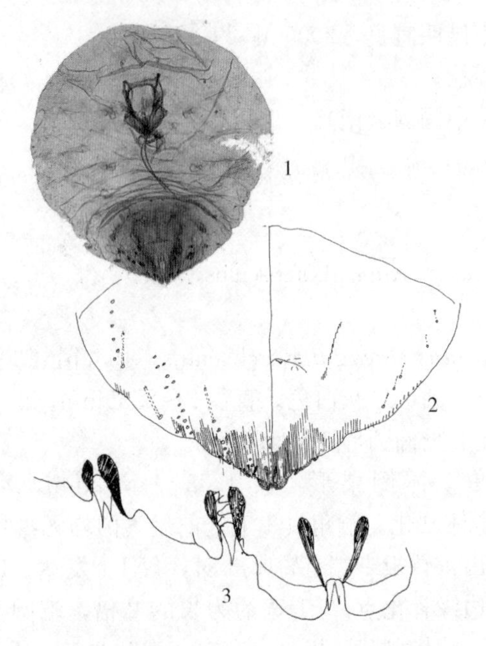

图 4-39 沙枣灰圆盾蚧 *Diaspidiotus elaeagni*（Borchsenius，1939）（♀）
1. 成虫体 2. 臀板 3. 臀板末端

杨灰圆盾蚧 *Diaspidiotus gigas*（Thiem & Gerneck，1877）（图 4-40）

Aspidiotus（*Euraspidiotus*）*gigas* Thiem et Gerneck，1934：131.（Type locality：Germany）

Aspidiotus multiglandulatus Borchsenius，1935：46. Synonymy by Ferris，1941：46.

Quadraspidiotusgigas（Thiem & Gerneck，1934）；Synonymy by Ben-Dov，2003.

Diaspidiotus gigas；Balachowsky，1948：18.

［雌介壳］圆形或近圆形，扁，灰白色；蜕皮位于介壳的中央位置。直径 2.11～2.50mm。

［雄介壳］椭圆形，质地与雌介壳一致；蜕皮不位于介壳中心。直径 2mm。

［雌成虫］体倒梨形，表皮老熟时前体部骨化。体长 1.25～1.8mm，宽 0.86～1.11mm。触角具 1 刚毛，前后气门均无盘状腺孔。

臀板三角形，末端有 3 对臀叶；L1 发达，宽大于长，端圆，外侧具缺刻，左右二臀叶不接触；L2 明显较小，略向内倾斜，外侧也具缺刻；L3 近似 L2，更小。L2 之间的腺沟内有短粗状的厚皮棍。臀栉在 L1 间无，L1 和 L2 之间 2 个，L2 和 L3 之间 3 个，细小而外侧有齿；L3 外侧无臀栉。背腺管数量多，每侧 70～90 个，排成 5 纵列；L1 间 1 腺管，直达肛门。臀前腹节背面亚缘部分有很多小的腺管密集在一起，腹面从头到臀板每节亚缘有微小腺管群。

肛门近臀板末端，阴门位于臀板中央位置。

围阴腺孔 5 组：中群 6～8 个，前侧群 13～17 个，后侧群 15～19 个。

注：本种与 *D. ostreaeformis* 相似，主要区别在本种第四腹

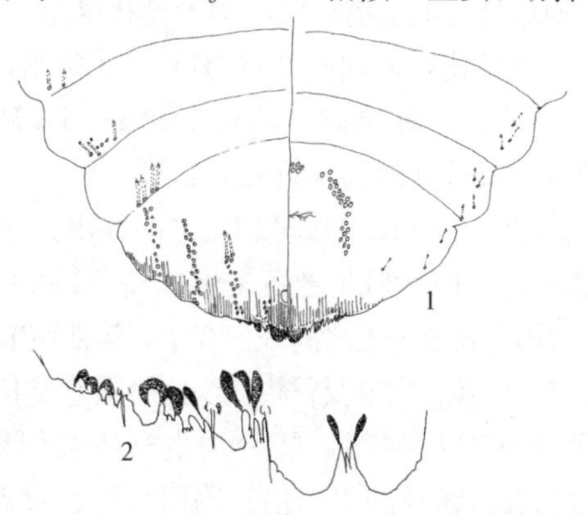

图 4-40　杨灰圆盾蚧 *Diaspidiotus gigas*（Thiem & Gerneck，1877）（♀）
1. 臀板　2. 臀板末端

节亚缘背腺管数量为 8～20 根，而后种则为 3～7 根。

［观察标本］2♀♀，南京林业大学，1987；10♀♀，甘肃兰州，1973-Ⅶ-24，周尧；7♀♀，青海西宁，1965-Ⅴ-4；9♀♀，吉林长春，1973-Ⅻ-30，周尧；12♀♀，内蒙古林学院，1973。

［寄主］白杨，柳树，加拿大杨。

［分布］中国（黑龙江、吉林、湖南、江苏、甘肃、内蒙古、青海），加拿大，阿尔及利亚，保加利亚，捷克，法国，意大利，德国，匈牙利，哈萨克斯坦，波兰，罗马尼亚，俄罗斯，斯洛伐克，西班牙，瑞士，乌克兰。

辽宁灰圆盾蚧 *Diaspidiotus liaoningensis*（Tang，1984）

Quadraspidiotus liaoningensis Tang，1984：65.（Type locality：China）

Diaspidiotus liaoningensis；Danzig et Pellizzari，1998：235.

［雌介壳］圆形，灰黑色；蜕皮在介壳中央位置。直径 1.25～1.89mm。

［雌成虫］体倒梨形，长 0.8～0.95mm，宽 0.61～0.82mm。臀板前膜质。触角具 1 毛。前后气门均无盘状腺孔。

臀板宽短，略骨化，末端有 3 对臀叶。L1 突出，端圆，外侧有 1 浅缺刻；L2 明显，外缘倾斜，有 1 缺刻；L3 微小。臀栉很小，栉状或刺状，数目排列为：1～2，2，3；L3 外无臀栉。厚皮棍短，从 L1 之间及 L1 和 L2、L2 和 L3 之间伸出。臀背腺管粗短，L1 间 1 个直达肛门，L1 和 L2 之间 4～5 个；L2 和 L3 之间 8～11 个；第五腹节和第六腹节缘毛之间 8～13 个，第四腹节 2～4 个。腹面腺管细，分布于后胸。腹节及臀板亚缘区腹腺管成群分布。

肛门大而接近臀板端部，肛后沟发达，肛门纵径大于 L1 长，肛后沟约为肛门纵径的 1.5 倍；阴门位于近臀板中央位置。

围阴腺孔无。

注：本种与本属种 *D. cotonestri* Takagi 相似，但是本种第

四腹节无亚缘背腺管，可与之区别。

[观察标本] 4♀♀，辽宁鞍山，2006-Ⅶ-18，袁水霞。

[寄主] 杨树。

[分布] 中国（辽宁）。

冷杉灰圆盾蚧 *Diaspidiotus makii*（Kuwana，1932）

Aspidiotus makii Kuwana，1932：51.（Type locality：Japan）

Diaspidiotus makii；Borchsenius，1966：324.

桦灰圆盾蚧 *Diaspidiotus ostreaeformis*（Curtis，1843）（图 4-41）

Aspidiotus ostreaeformis Curtis，1843：805.（Type locality：England）

Aspidiotus betulae Baerensprung，1849：167. Synonymy by Borchsenius，1966：234.

Aspidiotus hippocastani Signorte，1869：136. Synonymy by Leonardi，1898：38.

Aspidiotus tiliae Signoret，1869：137. Synonymy by Leonardi，1898：38.

Aspidiotus ostreaeformis oblongus Goethe，1899：16. Synonymy by Ferris，1941：46.

Aspidiotus almaatensis Borchsenius，1935：127. Synonymy by Danzig，1993：182.

Diaspidiotus ostreaeformis；Borchsenius，1949：224.

Quadraspidiotus williamsi Takagi，1958：127. Synonymy by Danzig，1993：182.

[雌介壳] 圆形，微微隆起，蜕皮位于介壳中心位置，直径1.5～2.0mm。

[雄介壳] 比雌介壳小，卵形；蜕皮位于介壳末端，隆起。

直径为 1.00～1.50mm。

［雌成虫］体圆形，长 1.30～1.40mm，宽 1.15～1.20mm。臀板向后突出。虫体分节明显，头胸部发达。中后胸间有明显收缩。表皮成熟时全体骨化。触角具 1 毛，短。前后气门均无盘状腺孔。

臀板 3 对臀叶，臀板 L1 发达，四边形，端部有缺刻；L2 小于 L1，三角形，内侧有波纹状缺刻。L1 间臀栉 2 个，细，边缘完整，端部略圆；L1 外侧、臀板的边缘各有一个极其深的凹陷，凹陷两侧有 1 对厚皮棍，凹陷内有 2 个臀栉；L2 外有 1 个凹陷及 1 对厚皮棍，凹陷内有 2 个臀栉。背腺管细小，排成 5 组：L1 间 1 个，L1 和 L2 间 4～5 个排成一纵列，L2 和 L3 间 10 个排成一纵列，L3 外侧 15～17 个排成一斜列，臀板近基角 5～7 个。腹面腺管细小，数量少。集中分布在臀板近基角边缘。阴门开口

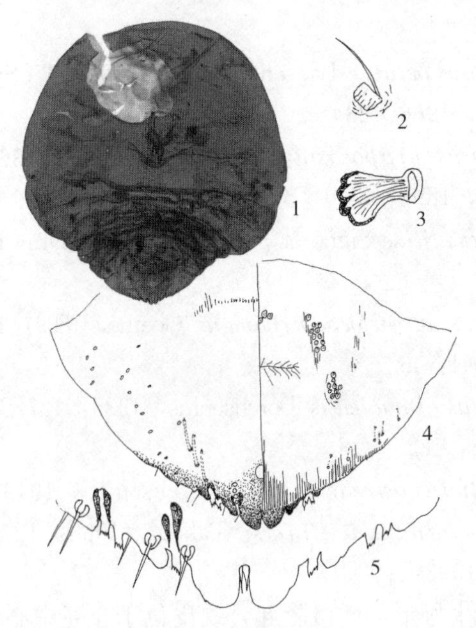

图 4-41　桦灰圆盾蚧 *Diaspidiotus ostreaeformis*（Curtis，1843）（♀）
1. 成虫体　2. 触角　3. 气门　4. 臀板　5. 臀板末端

在臀板中央位置。

肛门位于近臀板的端部。

围阴腺孔 4～5 群，中群 1～12 个，前侧群 4～13 个，后侧群 6～13 个。

[观察标本] 7♀♀，吉林长春，1973-Ⅻ-30，周尧。

[寄主] 苹果，梨，桃，山楂，桑，冷杉，丁香。

[分布] 中国（吉林、辽宁），澳大利亚，新西兰，加拿大，美国，阿尔及利亚，阿塞拜疆，科西嘉，德国，希腊，匈牙利，伊朗，伊拉克，爱尔兰，以色列，意大利，日本，哈萨克斯坦，塔吉克斯坦，摩洛哥，朝鲜，波兰，葡萄牙，俄罗斯，罗马尼亚，斯洛文尼亚，西班牙，瑞典，瑞士，英国，乌兹别克斯坦。

板栗灰圆盾蚧 *Diaspidiotus perniciabilus* Wang et Zhang，1994

Diaspidiotus perniciabilus Wang et Zhang，1994：326.（Type locality：China）

[雌成虫] 体圆形或卵圆形。长 1.25～1.78mm，宽 0.86～1.25mm。臀板微微骨化。前后气门无盘状腺孔分布。触角靠近虫体边缘，具 1 根刚毛。前后气门不连有盘状腺孔。

臀板末端只有 1 对臀叶，即 L1，L1 内缘平直，外侧有缺刻，两个臀叶彼此靠近，但其间无臀栉分布。臀栉小而不分叉，第七和第八腹节之间有 2 个顶端尖的肉质臀栉，第七和第六腹节之间有 3 个臀栉，与第七和第八腹节之间臀栉形状一样，第六和第五腹节之间有 3 个形态变化较多的指状臀栉，第五腹节上方有 3 或 4 个长短变化的指状臀栉。厚皮棍分布于第六和第七腹节、第七和第八腹节之间，小。背腺管细长，在臀板上分为三纵列，第一列 8～10 个，分布于第七和第八腹节之间；第二列 12 个，分布于第七和第六腹节之间；第三列 3～6 个，分布于第五和第六腹节之间。背面腹部臀板前体边缘分布有不规则小腺管。虫体腹面的小腺管除在臀板有分布外，在气门开口附近也有分布。

肛门较小，其直径小于 L1 之长，到 L1 基部的距离为其直径的 3～4 倍；阴门位于臀板近中央位置。

围阴腺孔 4 群，前侧群 13～20 个，后侧群 10～13 个。

注：本种与 *D. uvae* 相似，但以下几方面区别明显：①臀栉形状；②小管状腺分布；③围阴腺孔数量。

［观察标本］4♀♀，江苏南京，1979-Ⅻ-30，周尧；6♀♀，安徽黄山，2008-Ⅶ-25，李涛。

［寄主］板栗。

［分布］中国（安徽、江苏）。

梨灰圆盾蚧 *Diaspidiotus perniciosus*（Comstock，1881）（图 4-42）

Dispidiotus perniciabilus Wang et Zhang，1994：326.（Type locality：USA）

Aonidia fusca Maskell，1895：43. Synonymy by Maskell，1896：14.

Aspidiotus albopunctatus Cockerell，1896：20. Synonymy by Danzig，1993：191.

Aspidiotus andromelas Cockerell，1897：20. Synonymy by Danzig，1993：191.

Diaspidiotus perniciosus；Cockerell，1899：396.

［雌介壳］圆形，微微隆起；蜕皮位于介壳中心位置。直径 1.2～1.64mm。

［雄介壳］卵形，前面隆起；蜕皮前半部位于介壳中心位置。介壳长 0.6～1mm。

［雌成虫］体阔梨形，长约 1.0mm，宽约 0.6mm。表皮膜质，分节不明显。触角瘤状，具 1 短刚毛。前后气门均无盘状腺孔。

臀板有 2 对发达的臀叶，L1 大，长宽略相等，端圆而外侧有1明显缺刻，两臀叶很接近，端部向内侧倾斜；L2小，宽只有L1的一半，端圆而外侧有缺刻；L3几乎完全退化，呈三角形突起。L1之间臀栉退化，1对，短齿式，长不及L1，L1与L2之间臀栉2对，与L2长度差不多；L2和L3之间有细长而短齿式的臀栉3对，L3外有臀栉3～4对；为短阔的短齿式，臀栉都与小腺管连接。厚皮棍5对，L1内基角1对，L1外基角1对，L2内基角1对，最后一对臀栉基内角伸出1对，L3基内角1对。背腺管7组，L1间1组，1～2个；侧面第一组4～6个；第二组5～7个；第三组5～6个；管口圆形，近臀板基角有较短的腺管4～5个。腹面沿臀板边缘有小腺管分布。

肛门中等大，位于臀板近末端1/6处；阴门位于臀板近中央

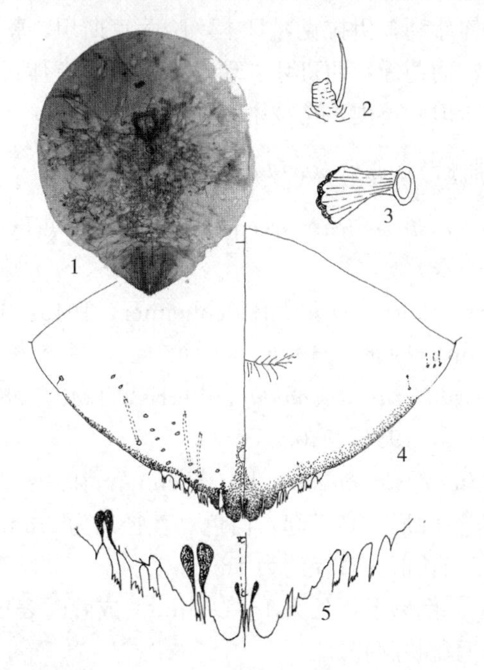

图4-42 梨灰圆盾蚧 *Diaspidiotus perniciosus* (Comstock，1881)（♀）
1. 成虫体 2. 触角 3. 气门 4. 臀板 5. 臀板末端

位置。

围阴腺孔无，有明显围阴脊起。

［观察标本］2♀♀，陕西武功，1976-Ⅰ，周尧；6♀♀，甘肃敦煌，1964-Ⅵ-21，周尧，刘绍友；7♀♀，山西太原，1964-Ⅷ-11，周尧，刘绍友。

［寄主］梨，苹果，榆树。

［分布］中国（辽宁、黑龙江、河北、河南、山东、山西、陕西、四川、湖南、云南、广东、江西、安徽、浙江、江苏、甘肃），安哥拉，南非，澳大利亚，津巴布韦，墨西哥，美国，阿根廷，巴西，秘鲁，玻利维亚，蒙古，巴基斯坦，阿富汗，阿尔及利亚，奥地利，亚美尼亚，阿塞拜疆，保加利亚，意大利，希腊，伊朗，匈牙利，伊拉克，日本，哈萨克斯坦，朝鲜，罗马尼亚，俄罗斯，葡萄牙，西班牙，瑞士，瑞典，土耳其，塔吉克斯坦，土库曼斯坦，英国，乌兹别克斯坦。

突灰圆盾蚧 *Diaspidiotus slavonicus*（Green，1934）（图4-43）

Targionia slavonica Green，1934：95.（Type locality：Uzbekistan）

Quadraspidiotus populi Bodenheimer，1943：3. Synonymy by Borchsenius，1966：340.

Quadraspidiotus slavonicus；Ferris，1943：98. Synonymy by Borchsenius，1966：340.

Diaspidiotus slavonicus；Borchsenius，1949：241.

［雌介壳］圆形，高隆起，白色。直径约为2mm。

［雄介壳］长形。直径约为1mm。

［雌成虫］倒卵形，长为1～1.3mm。成熟时表皮全体硬化。前后气门均无盘状腺孔。

臀板末端有3对臀叶，L1大而长，门牙状突出，L1、L2和L3外侧各具一缺刻，有时L1也有内缺刻。臀栉常缺或在叶间呈成对小刺状。节间骨化棒每侧各 2 对。臀板背腺管长，密集分布于臀部边缘，管口骨化明显，L1 间有 5～6 个背腺。

肛门位于臀板后 1/4 处，肛后沟发达；阴门位于肛门前。

围阴腺孔 2～4 群或无，每群 1～4 个。

注：本种区别于本属其他种的主要特征为臀叶 3 对，L1 长而突如门牙状，L1 间背腺管 5～6 根。

［观察标本］6♀♀，陕西武功，1973-Ⅶ-20，周嘉熙；5♀♀，甘肃敦煌，1964-Ⅵ-21，周尧，刘绍友。

［寄主］柳树，杨树。

［分布］中国（河南、甘肃、宁夏、内蒙古、陕西），伊朗，伊拉克，哈萨克斯坦，吉尔吉斯斯坦，塔吉克斯坦，乌兹别克斯坦。

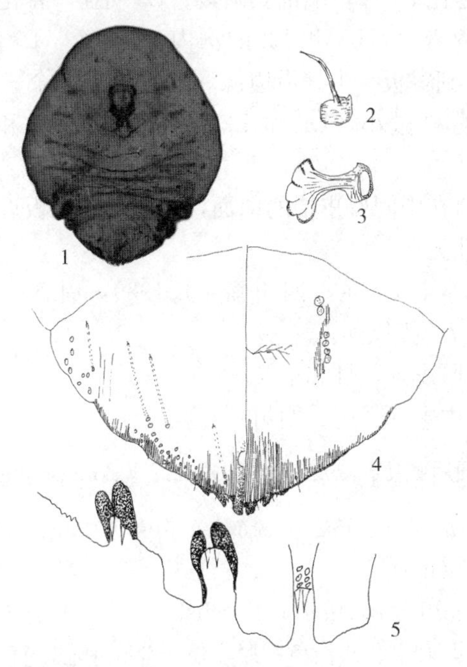

图 4-43　突灰圆盾蚧 *Diaspidiotus slavonicus*（Green，1934）（♀）
1. 成虫体　2. 触角　3. 气门　4. 臀板　5. 臀板末端

厚皮香灰圆盾蚧 *Diaspidiotus ternstroemiae*（Ferris，1952）

Quadraspidiotus ternstroemiae Ferris，1952：9.（Type locality：China）

Diaspidiotus ternstroemiae；Danzig et Pellizzari，1998：241.

［雌介壳］圆形，隆起明显；蜕皮位于介壳末端。介壳直径为2.0～2.5mm。

［雄介壳］无。

［雌成虫］体长1.75mm，宽约0.9mm。表皮成熟时除臀板外均膜质。触角具1毛。前后气门均无盘状腺孔。

臀板相当尖，3对臀叶。L1明显，阔，相互靠近；L2发达，骨化，略比L1窄，端部具缺刻；L3明显，骨化。节间厚皮棍2对。背腺管少，L1和L2的沟内3～4个，L3基部的沟内3～4个，L3到臀板一半处沿边缘和亚缘处有6个；所有腺管均细而略短。臀栉微小，L1和L2之间2个，L2和L3之间3个。

肛门开口在中间厚皮棍的前面，阴门约在臀板近基部1/3处。

围阴腺孔无。

［观察标本］5♀♀，四川嘉定，1939，周尧；♀，云南大理，2005-Ⅷ-7，张凤萍。

［寄主］厚皮香，灯芯草。

［分布］中国（云南、四川）。

土伦灰圆盾蚧 *Diaspidiotus turanicus*（Borchsenius，1935）

Aspidiotus turanicus Borchsenius，1935：131.（Type locality：Armenia）

Diaspidiotus turanicus；Borchsenius，1949：246.

［雌介壳］圆形，灰白色；蜕皮位于介壳中心。直径约1.8mm。

［雄介壳］长卵形。直径1.1mm。

［雌成虫］体近圆形，长约1.11mm，宽约1.0mm。臀板端

部稍尖。节间凹陷明显。成熟时虫体微微骨化。触角 1 刚毛。前后气门均无盘状腺孔。

臀板上具 1 对 L1，发达，宽度约为长度的 2 倍，两端的基部有骨化棒，在第六和第七腹节、第七和第八腹节之间也各有 1 对骨化棒。背腺管在臀板上排成 4 列，第一列 3 个，第二列 3 个，第三列 7 个，第四列 3 个。L1 间 1 个背腺管，长度直达肛门。臀栉在第六和第七腹节、第七和第八腹节之间各 1 根，端部锯齿状。

肛门到 L1 基部的距离为其直径的 5～6 倍，阴门位于臀板中央位置。

围阴腺孔 4 群，前侧群 0～4 个，后侧群 0～1 个。

［观察标本］6♀♀，新疆乌鲁木齐，1976-Ⅶ-19，周尧，袁锋；2♀♀，新疆伊利，1976-Ⅶ-27，周尧，袁锋；5♀♀，新疆乌苏奎屯农建七师，1966-Ⅴ，周尧。

［寄主］柳树。

［分布］中国（新疆），阿富汗，亚美尼亚，伊朗，塔吉克斯坦。

新疆灰圆盾蚧 *Diaspidiotus xinjiangensis* Tang，1984

Diaspidiotus xinjiangensis Tang，1984：70.（Type locality：China）

［雌介壳］圆形，灰白色。直径约为 1.5mm。

［雄介壳］椭圆形，长 1.0mm。

［雌成虫］体圆形，长 0.6mm，宽约 0.4mm。触角具 1 毛。前后气门均无盘状腺孔。

臀板末端有 3 对臀叶。L1 发达，突出而尖，内外两侧各具 1 缺刻；L2 和 L3 很小，L2 较发达。臀栉存在于 L1 和 L2、L2 和 L3 之间，刺状或刷状，L1 间无。成对的骨化棒在 L2 和 L3 间伸出。肛纵径远远小于 L1，肛后沟长约为肛门纵径的 3 倍。背腺管在臀板部分每侧集中分布于臀板边缘位置，L1 间 1 个，直达肛门，

第一到第三腹节亚缘背腺管各2～4根，第四腹节有4～5根。

肛门开口小，不大于L1长度的一半，位于臀板末端；阴门位于臀板中央位置。

围阴腺孔无。

注：本种与*D. transcapiensis*相似，但是可以从本种第四腹节以及臀前腹节均有亚缘背腺管与其区分。

［观察标本］2♀♀，新疆农业大学，2006-Ⅶ-28，杨瑞。

［寄主］杨树。

［分布］中国（新疆）。

宁夏灰圆盾蚧 *Diaspidiotus dateus* sp. nov.（图4-44）

［雌成虫］体近圆形，长约1.6mm，宽约0.8mm。表皮除臀板外仍然保持膜质。触角具1毛。前后气门均无盘状腺孔连接。

臀板末端有3对发达臀叶。L1发达，大，约为L2的2倍，内外侧均具缺刻，外侧缺刻深，内侧缺刻浅，几乎不可见；L2外侧具一深缺刻；L3比L2小得多，呈一骨化突起。臀栉退化，L1间2个，端部分叉，细毛状，不超过臀叶顶端；L1和L2之间2个，细长，端部分叉；L2和L3之间3个，端部尖；L3外侧有3个臀栉，基部宽，端圆，上有齿列。厚皮棍粗，短，6对，L1内外基角各1个，外基角的粗；L2内基角的粗，L3与L2之间第二臀栉附近一个较粗，其余均比较短、细。背腺管排成列，L1间1个，开口直达肛门中部；L1和L2之间2个；第三斜列12个；第四斜列11个；另外第四列外侧分布1～2个，长度一般。臀前第一腹节分布1～2个短的背腺管，第二到第三腹节无腺管分布。

肛门开口圆形，大，纵径约为L1长度的2倍，到L1基部的距离约为其纵径的长度；阴门位于臀板中央位置。

围阴腺孔无。

注：本种与*D. liaoningensis*相似，但是可以从本属臀栉明显比后者发达来区分，本种L1之间臀栉有，而后者无，本种L3

外侧 3 个臀栉，而后者无。

[观察标本] 正模，♀，宁夏银川，1975-Ⅴ-23；副模，5♀♀，同正模。

[寄主] 枣。

[分布] 中国（宁夏）。

[词源] 本种名“*dateus*”来源于模式标本寄主“枣”。

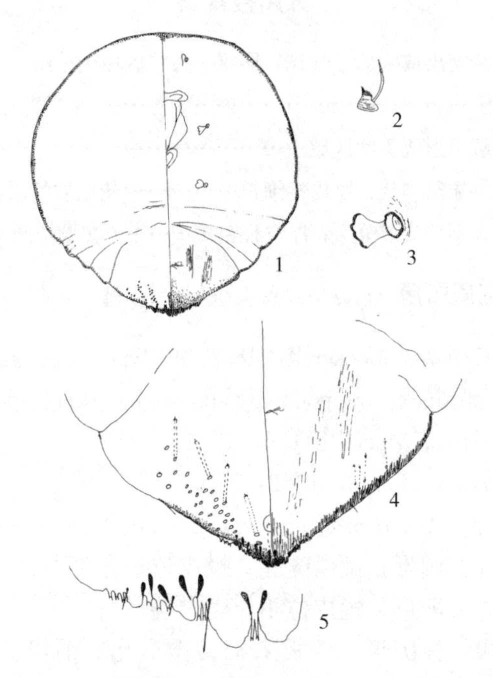

图 4-44 宁夏灰圆盾蚧 *Diaspidiotus dateus* sp. nov.（♀）
1. 成虫体 2. 触角 3. 气门 4. 臀板 5. 臀板末端

（七）林盾蚧族 Lindingaspini

Lindingaspini Chou，1982：319.

[模式属] *Lindingaspis* McGillivray，1921

［雌成虫］体圆形，臀板突出。触角瘤状，具 1 刚毛。前后气门均无盘状腺孔。

臀板有 3 对以上臀叶，臀叶以外的臀板边缘加厚。厚皮棍数目很多，分布在臀板的臀叶区和臀叶外的区域。背腺管明显比腹腺管粗。

分属检索表

1 虫体的前端突出或收缩，骨化，形成一头状区域……………………………………………………………………………… 冕圆盾蚧属 *Mycetaspis*

虫体的前端不形成头状区域……………………………………………… 2

2 臀栉发达，端部刷状；厚皮棍细长……………轮圆盾蚧属 *Lindingaspis*

臀栉很小，端部尖或分叉；厚皮棍粗短…………黑圆盾蚧属 *Melanaspis*

1. 冕圆盾蚧属 *Mycetaspis* Cockerell，1897

Chrysomphalus Cockerell，1897：9. Type species：*Aspidiotus personatus* Comstock，by monotypy and original designation.

Mycetaspis；MacGillivray，1921：392.

Mycetaspis；Chou，1982：319.

［模式种］*Aspidiotus personatus* Comstock，1897

［雌介壳］圆形，微微隆起；蜕皮位于介壳中央。

［雄介壳］卵形，蜕皮位于介壳末端。

［雌成虫］体圆形，臀板末端微微突出；前缘突出或收缩，表皮全骨化。触角具 1 毛，前后气门均无盘状腺孔。

臀板末端具 4 对发达臀叶。厚皮棍发达，臀叶基部、臀叶间和 L4 外边缘均有发生。臀栉小，刺状或缨状。肛门小，近臀板末端。背腺特别细，相当长。围阴腺孔有或无。

注：本属与 *Melanaspis* 相似，但是可以从前者有延伸而骨化的头状中瓣片区分开来。

［分布］新北区，新热带区，东洋区，古北区，澳洲区，非

洲区。

本属全世界记载8种，中国分布1种。

冕盾蚧 *Mycetaspis personata* (Comstock，1883)

Aspidiotus personatus Comstock，1883：63.（Type locality：China)

Mycetaspis personata；MacGillivray，1921：442.

Mycetaspis personata；Borchsenius，1966：357.

［寄主］漆树，番荔枝，紫薇，凤梨，金虎尾，桑，桃金娘。

［分布］中国（香港）。

2. 轮圆盾蚧属 *Lindingaspis* MacGillivray, 1921

Lindingaspis MacGillivray，1921：388. Type species：*Melanaspis samoana* Lindinger，by monotypy and original designation.

［模式种］*Melanaspis samoana* Lindinger，1911

［雌介壳］圆形，颜色较深，蜕皮不在介壳的中心。

［雄介壳］卵圆形，蜕皮在介壳末端。

［雌成虫］体梨形，臀板突出。表皮除臀板外均膜质。第五和第六腹节，第六和第七腹节有膜质的节间沟。前后气门均无盘状腺孔。

臀板有3对发达的臀叶，形状和大小约相等。L4与骨化的边缘相混合，呈现为一系列宽的角状突，一直延伸到第四腹节背缘毛附近。臀栉长于臀叶，顶端分叉，L1间1个或者2个，L1和L2间2个，L2和L3间2～3个，L3和L4间3个，外臀栉侧齿存在，少而退化。臀板边缘厚皮棍发达，从臀叶基角伸出，L2和L3的中间1个，L3外有一些逐渐缩小的厚皮棍，一直延伸到第四腹节。背腺管大小分两种：大腺管分布在臀板顶端部分；小腺管大量分布在第五和第六腹节节间沟、第六和第七腹节节间沟之间，在第五腹节的边缘也有分布。

肛门开口在臀板中央。

围阴腺孔有或无。

注：本属与 *Chrysomphalus* 极其接近，主要区别在于从 L1 到 L4 位置有一系列的厚皮棍存在，而 *Chrysomphalus* 则无；到第四腹节边缘有一系列的锯齿状突存在，而 *Chrysomphalus* 则无。

［分布］非洲区，澳洲区，新北区，古北区，东洋区，新热带区。

全世界分布 24 种，中国分布 2 种。

分种检索表

1　L1 间 1 个臀栉……………………费氏轮圆盾蚧 *L. ferrisis* McKenzie
　L1 间 2 个臀栉………………………夹竹桃轮圆盾蚧 *L. rossi* Maskell

费氏轮圆盾蚧 *Lindingaspis ferrisi* McKenzie，1950

Lindingaspis ferrisi McKenzie，1950：100.（Type locality：China）

Lindingraspis ferrisi；Chou，1982：696. Misspelling of genus name.

［雌介壳］圆形，灰褐色或暗黑色，介壳略隆起。直径 1.7mm。

［雄介壳］色质与雌介壳相同，较小略长，蜕皮位于介壳一端。直径 1.5mm。

［雌成虫］体倒梨形，体长 1.3mm，宽约 0.8mm。臀板突出，表皮除臀板外膜质。触角只具 1 毛。前后气门均无盘状腺孔。

臀板 3 对，L1、L2 和 L3 外均具 1 缺刻。L1 间有 1 个臀栉；L1 和 L2 间有 1 臀栉，有时显现为分开的 2 个臀栉；L2 和 L3 间 3 个臀栉，外侧的两个基部连接在一起；L3 外侧 1 个，外侧的骨化突仍然保留着臀栉的特征。边缘厚皮棍细，与臀叶相连，除了 L2 内侧角的一个都比臀叶长；L2 和 L3 间的厚皮棍也相当长，L4 位置以上直至第四腹节背缘毛内呈锯齿状，并有一系列条状厚皮棍。背大腺管排列为：L1 间 1 个边缘大腺管，L1 和 L2 间一个边缘大腺管和一个亚缘背腺管，L2 和 L3 间有 2 个边缘大腺管，L3 外 1 个。丝状亚中背小腺管分布趋向于臀板的基部，比丝状亚缘背小腺管短：上面 1～2 个，下面 1～3 个。臀前的丝状背小腺管与边缘的一样长。臀前腹节有两簇亚缘的腹腺管。

肛门纵径约为 L1 长度的 2 倍，阴门与肛门平行。

围阴腺孔 4 群，前侧群 6～9 个，后侧群 3～6 个。

［观察标本］6♀♀，广东鼎湖山，1974-Ⅶ-19，周尧；3♀♀，广东电白，1974-Ⅶ-5，周尧，卢筝。

［寄主］藤黄，芸香。

［分布］中国（广东、台湾），印度，巴基斯坦。

夹竹桃轮圆盾蚧 *Lindingaspis rossi* Maskell，1891（图 4-45）

Aspidiotus rossi Maskell，1892：11.（Type locality：Australia）

Aonidiella subrossi Laing，1929：25. Synonymy by Williams，1963：10.

Lindingaspis rossi；Ferris，1938：246.

［雌介壳］无。

［雄介壳］无。

［雌成虫］体阔圆形，体长 1.4mm，宽约 1.25mm。臀板突出，表皮除臀板外均膜质。触角具 1 毛。前后气门均无盘状腺孔。

臀板有 3 对形状相似大小相近的臀叶，均端圆而两侧平行，外侧均具 1 缺刻；L1 间距约为 L1 一个臀叶的宽度。L3 到第五腹节的臀板边缘骨化，呈不规则的锯齿状。臀栉稍长于臀叶，端部具齿；L1 间 1 对，L1 和 L2 间 2 个，L2 和 L3 间 3 个，L3 外侧 1 个。厚皮棍发达，每侧约 25 条，排列一直延续到第五腹节。背腺管多，第三腹节后有细长的腺管，在臀板亚缘厚皮棍间排列成 20 多纵列；在第五和第七腹节上有粗而长的背腺管 3 列，臀板基角附近有 1 群 6～9 个丝状的腺管。第六腹节以前有丝状小

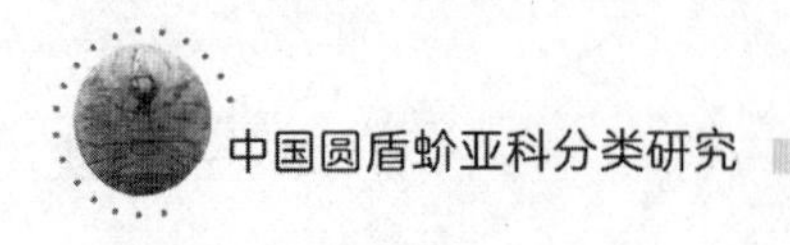

腺管排列在亚缘部。

肛门位于臀板中央位置，阴门位于臀板近基部1/3处。

围阴腺孔4群，前侧群6～7个，后侧群3～4个。

[观察标本] 5♀♀，广西柳州江滨公园，2010-Ⅷ-1，魏久锋，张斌；2♀♀，上海，1983-Ⅲ-12；1♀，云南景洪，1974-Ⅴ-12，袁锋；云南景洪，1987-Ⅹ-24，李莉。

[寄主] 漆树，夹竹桃，刺五加，南洋杉，卫矛，菊，火炬树，柿树，苏铁，豆科，槭树，杨树，柳树，罗汉松，雪松，石斛，石竹，柏树，柳杉，南美杉，巴豆，椰子，葡萄，无花果，石榴，紫藤，马钱子，丁香，女贞，杜鹃花，木槿，龙血树。

[分布] 中国（云南、福建、台湾、广西、上海），安哥拉，喀麦隆，几内亚，莫桑比克，南非，坦桑尼亚，津巴布韦，澳大利亚，新西兰，墨西哥，美国，阿根廷，巴西，智利，印度，菲律宾，斯里兰卡，日本，葡萄牙，西班牙，西西里岛。

3. 黑圆盾蚧属 *Melanaspis* Cockerell，1897

Chrysomphalus（*Melanaspis*）Cockerell，1897：9. Type species：*Aspidiotus obscurus* Comstock，by original designation.

Melanaspis；Lindinger，1910：440.

Pelomohala MacGillivray，1921：392. Synonymy by Lindinger，1937：192.

[模式种] *Aspidiotus obscurus* Comstock，1897

[雌介壳] 圆形，高隆起，黑色或深褐色；蜕皮位于介壳中心。

[雌成虫] 体圆形或阔圆形，表皮除臀板外仍然保持膜质。

臀板三角形，末端有4对臀叶，L4较小。在臀叶基部和臀叶间隙有L4痕迹，外沿臀板边缘有1空距离。有形状不同，排列不同的厚皮棍。臀栉小，端尖或分叉，只存在于臀叶间。背腺管少，特别细长，分布在臀叶间的腺沟内。

围阴腺孔有或无。

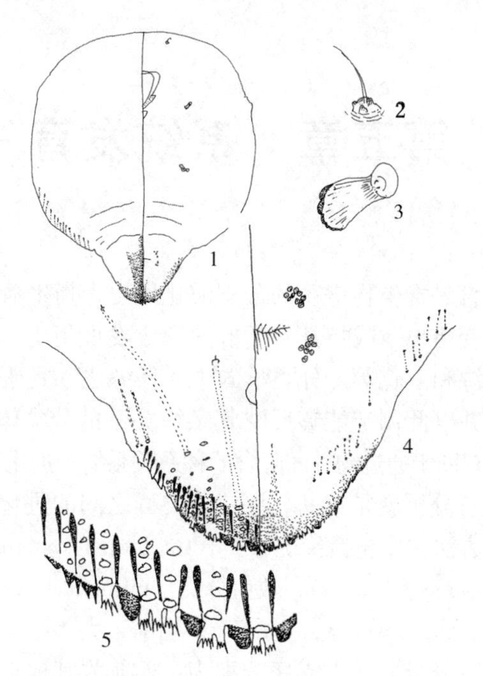

图 4-45 夹竹桃轮圆盾蚧 *Lindingaspis rossi* Maskell，1891（♀）
1. 成虫体 2. 触角 3. 气门 4. 臀板 5. 臀板末端

［分布］新热带区，非洲区，新北区，古北区，东洋区，澳洲区。

全世界分布 60 种，中国分布 1 种。

菝葜黑圆盾蚧 *Melanaspis smilacis*（Comstock，1883）

Aspidiotus smilacis Comstock，1883：69.（Type locality：USA）

Melanaspis smilacis；McKenzie，1939：55.

［寄主］龙舌兰，凤梨，忍冬，禾本科植物，藤黄，百合，桃金娘。

［分布］中国（台湾），喀麦隆，几内亚，墨西哥，美国，巴西，牙买加，马提尼克岛，蒙古，阿尔及利亚，法国，西班牙，英国。

第五章 系统发育

系统发育是指生物谱系的分支演化历史，指生命自起源后的整个发展演变历史，或指某一类群的形成发展历史。包括较高分类单元的起源和演化等。分类学的主要任务之一是研究某一类群的亲缘关系并以此制定能够反映其亲缘关系的分类体系。构建系统发育过程有助于通过物种间隐含的种系关系揭示进化动力的实质。

系统发育分析就是推断、评估分类群之间的进化关系。系统发育分析的方法主要包括传统分类（traditional systematics）、支序分类（cladistic systematics）、数值分类（numerical systematics）和进化分类（evolutionary systematics）。当前，大多数分类学者所采用的系统发育分析方法以支序分类为主，兼收其他学派优点的方法进行系统发育研究。

一、特征选取和极性分析

如何选取外群是进行系统发育分析首先遇到的问题，并将对系统发育分析的结果产生重要影响。外群应该是在分类学上和内群关系密切的分类单元。Watrous 和 Wheeler（1981）明确指出：外群和内群不必一定构成单系。单系由姊妹群构成，也就是说，内群和外群不必是姊妹群。外群的进化级别理论上讲应该同内群的进化级别相等或低于内群。如果外群的进化级别高于内群，虽然外群比较的方法仍然可行，但性状极向的确定往往不易正确判别，甚至结果是颠倒的。

根据对圆盾蚧亚科形态特征的研究，选取齿盾蚧亚科齿盾蚧属为外群。采用二态编码，编码依次为“0、1”；多态特征采用加性编码，编码依次为“0、1、2、……”。

按照上述原则，排除共有特征，所得形态特征和编码如下表5-1所示。根据标本实体观察和文献资料查阅，获得特征数据矩阵如表5-2所示。

表5-1 中国圆盾蚧亚科57个形态特征和编码

特征编号	特征状态和编码
1	身体隐雌形：否（0），是（1）
2	前胸气门盘状腺孔：有（0），无（1）
3	后胸气门盘状腺孔：无（0），有（1）
4	前胸与中胸之间缢缩：无（0），有（1）
5	围阴腺孔：无（0），有（1）
6	肛门位置：不在臀板中央（0），在臀板中央（1）
7	皮肤骨化程度：膜质（0），除臀板外骨化外均膜质（1），全骨化（2）
8	臀叶数量：臀叶1对（0），臀叶大于1对（1）
9	臀叶数量：臀叶少于3对（0），臀叶3对（1），臀叶大于3对（2）
10	背腺管与腹腺管比较：一样粗（0），背腺管>腹腺管（1）
11	L3形状：叶状（0），刺状（1）
12	臀板边缘骨化程度：向上不骨化（1），向上骨化（0）
13	臀板厚皮棍：有（0），无（1）
14	L2和L3背缘毛形状：正常（0），披针状（1），变厚，基部宽（2）
15	臀栉与臀叶的关系：短于（0），相等（1），长于（2）
16	臀叶大小：不一，L1最大（0），相仿（1）
17	L3外臀栉窄，几乎不分叉（0），L3外臀栉宽，分叉多（1）
18	L1和L2之间厚皮棍：短小（0），细长（1），端部球状（2）
19	L2形状：不发达或缺（0），发达（1）
20	体：非肾脏形（0），肾脏形（1）
21	延伸而头状的中瓣片：无（0），有（1）
22	背腺管排列：散乱分布（0），系列（1）
23	臀板腹面有网纹区：无（0），有（1）
24	臀板背面有网纹区：无（0），有（1）
25	背腺管形状：圆柱形（1），线状（0）

（续）

特征编号	特征状态和编码
26	L3 外臀栉：不发达（0），发达（1）
27	外臀栉形状：不分叉（0），分叉（1）
28	肛门直径与 L1 宽度的关系：小于（0），相等（1），大于（2）
29	臀栉：不发达（0），臀栉发达（1）
30	L1 间臀栉：退化（0），发达（1）
31	节间刺列：有（0），无（1）
32	两片中臀叶：靠近（0），分离（1）
33	臀前腹节背腺管：有（1），无（0）
34	L1 基部：轭连（0），分离（1）
35	背腺管长度：短（0），中等长度（1），长（2）
36	L1 基部骨化延伸：无（0），有（1）
37	臀板刚毛分布：臀板末端（0），其他地方也有分布，多（1）
38	臀叶外厚皮棍：无（0），有（1）
39	臀板背腺管：多（1），少（0）
40	臀前腹节背腺管：多（1），少（0）
41	背腺开口形成纵沟：否（0），是（1）
42	L2 和 L3 形状：不同（0），相似（1）
43	L3 形状：退化或不发达（0），发达（1）
44	体：圆形（0），卵圆形（1），梨形（2）
45	腺管分布：仅边缘分布（0），仅亚缘分布（1），臀前腹节边缘和亚缘均分布腺管（2）
46	臀栉：无（0），有（1）
47	臀叶：无（0），有（1）
48	L3 外臀栉：小于 3 个（0），3 个（1），超过 3 个（2）
49	背腺管管口骨化：是（0），否（1）
50	厚皮棍数量：4 个（0），小于 4 个（1），大于 4 个（2）
51	臀板边缘形状：锯齿状（0），平滑（1）
52	腹部体节：明显（0），不明显（1）
53	胸瘤：有（0），无（1）
54	L1 愈合为一个臀叶（0），L1 不合并为一个臀叶（1）
55	厚皮棍只分布在臀叶之间（0），厚皮棍只分布在臀叶基角两侧（1），基角和臀叶之间都有分布（2）
56	围阴腺孔数量：小于 3 群（0），3 群（1），大于 4 群（2）
57	臀叶不斜向体中轴（0），臀叶斜向体中轴（1）

表 5-2　中国圆盾蚧亚科 30 属及外群特征数据矩阵

编号	分类单元	特征状态
		111111111122222222223333333333444444444455555555
		1234567890123456789012345678901234567890123456789012345678
1	*Odonaspis*	0000000000—00000—000000000—0000010000011 0—002000000010000
2	*Remotaspidiotus*	0100000000—11000——00010000—00001102100111—001110111111——0
3	*Aspidiella*	0100000110—11020——10010010—00101112100111—001110110101——0
4	*Diaonidia*	11000101110110 20——10000011021111011000000000 1110111111——0
5	*Greeniella*	1100000————110——————00—00—0—2001—0——0—0————00—000111111——0
6	*Aonidia*	1100010101—11——0——00000010—000100010—00——001—000111111——0
7	*Pseudaonidia*	0001102121001020101001101110111111200011111101111110011120
8	*Duplaspidiotus*	0001102120000000001001100010001110200011011120 0110001121 0
9	*Semelaspidus*	0001 ? 02121000000011001111000001110200001001121101 00011110
10	*Sadaotakagia*	001100211100002000100110110001101011001111021121110111—0
11	*Rhizaspidiotus*	0100 ? 11 ? 200010000—1000001000001010010011100021101 10011——0
12	*Aonidiella*	0100102111010020101101001110111111200010011—2112121101220
13	*Chrysomphalus*	0100101111010020111001001110111111200011011211111201 01220
14	*Abgrallaspis*	0100 ? 01111110020100001001011111101210010000 2—112121011120
15	*Hemiberlesia*	0100 ? 01 ? 010100201000010010121110002000100002011212001112 0

（续）

编号	分类单元	特征状态
16	*Diaspidiotus*	0100 ? 01001000000—000010010100011102000001000011012100122 1
17	*Oceanaspidiotus*	0100 ? 010010011001—1001000110111111200010111201121110 11—20
18	*Octaspidiotus*	0100 ? 011110012101—1001000110111111210010111201121100 11—20
19	*Aspidiotus*	0100 ? 0111101102010100100111111110121001011102112111111—20
20	*Dynaspidiotus*	0100102111001001 0—1001001101111101200011011221121111 11—20
21	*Crassaspidiotus*	0100102111001001 0—1001001111111111210011011201121111 11—20
22	*Chortinaspis*	0100001101001000 1—0001000110111111100010000221121101 11——0
23	*Crenulaspidiotus*	010000112101000 0—110010000—001111121001101102112020101220
24	*Clavaspidiotus*	0100 ? 01001000000020001000100010111200000 0—0001121201101—0
25	*Lindingaspis*	010011012100000111100100011211111120001101102111120001220
26	*Mycetaspis*	0100000121000000011011001000111111210101001021101200012—0
27	*Melanaspis*	0100010121000000—010010001—21111112001110010211012000 12—0
28	*Morganella*	010000100 1—100201—000100111011111021101 11—000112121110——0
29	*Selenaspidus*	0101101111111020 1—1001000110111111200 01—001——112111111—00
30	*Selenomphalus*	0101101111110020101001001111111111120001110121112111011120
31	*Taiwanaspidiotus*	010010211100 ? 0201—1001001112111111210000000 1—112011011—20

二、结果与分析

将所得的特征数据矩阵导入 Paup * 4.0 beta 10 中，在 Wondows XP 环境下运行，结合 Treeview 软件完成系统发育分析。#*NEXUS* 格式，Dimensions natx=31，Dimensions nchar=57，format symbols= “0.1.2”，missing= “?”，gap= “—”，set criteion=parsimony，replicates=1 000，Maxtree=1 000。运行结果得到 2 棵简约树（tree），得到 1 棵严格合意树（strict consensus tree）；Tree length=242，*CI*=0.289 3，*RI*=0.540 1，*RC*=0.156 2。所得树如图 5-1 所示。

Paup 运行结果分析如下。

（1）圆盾蚧亚科为单系群，其共有特征为：臀栉发达，背腺管单栓式，无斜口腺管，臀叶不分瓣。这些特征支持圆盾蚧亚科为一单系群。

（2）根圆盾蚧属 *Rhizaspidiotus* 与其他几个内群属为并系群，缺乏共同衍征，原因可能在于本研究的分类单元不是圆盾蚧亚科的全部，而是其一部分属，因此该属与圆盾蚧亚科的其他属之间的亲缘关系有待进一步研究。

（3）奥盾蚧族 Aonidiini 的组成，周尧（1985）将圆盾蚧亚科中桎圆盾蚧属 *Diaonidia*、图盾蚧属 *Greeniella* 和奥圆盾蚧属 *Aonidia* 归为奥盾蚧族 Aonidiini。共有特征是本族的虫体为隐雌型，即雌介壳由两蜕皮部分构成，成虫隐藏在第二蜕皮内。本研究中桎圆盾蚧属 *Diaonidia*、图盾蚧属 *Greeniella* 和奥圆盾蚧属 *Aonidia* 三属并为一支，由特征 1（*CI* =1.000），特征 22（*CI*=0.500），特征 35（*CI*=0.500）支持。可见，此三属作为一个族的划分与周尧（1985）的结果一致。

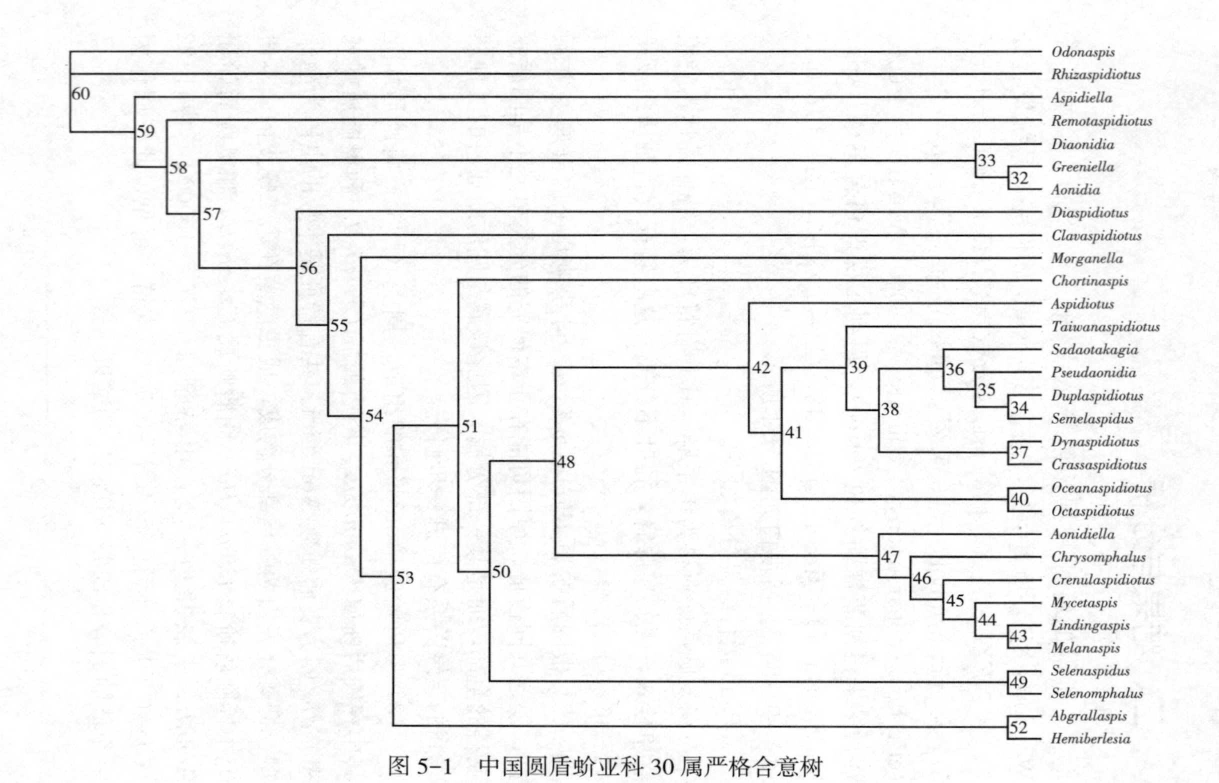

图 5-1 中国圆盾蚧亚科 30 属严格合意树

（4）圆盾蚧族 Aspidiotini（周尧，1985）的主要特征是臀板上无明显的厚皮棍。本研究中 10 属（*Aspidiotus*、*Taiwanaspidiotus*、*Sadaotakagia*、*Pseudaonidia*、*Duplaspidiotus*、*Semelaspidus*、*Crassaspidiotus*、*Dynaspidiotus*、*Oceanaspidiotus*、*Octaspidiotus*）并为一支，由特征 36（*CI*＝0.100），特征 41（*CI*＝0.111）支持，很明显支持率不高，但是经过反复的特征选择调试，这个合意树支持率最高，说明这些属的特征选取或者是文献资料的描述不能尽如人意。比如本支的台湾圆盾蚧属 *Taiwanaspidiotus*，本研究没有见到标本，本属与圆盾蚧属 *Aspidiotus* 的主要区别在于虫体的骨化程度及体型的不同，但是在 1969 年被日本学者 Takagi 定为一个新属，这些特征在属级单元上应该是作为相对特征，不能作为划分一个属的主要特征来对待，只能认为是对圆盾蚧属特征的扩展，而不能作为一个独立的属。本研究认为此属应该并于圆盾蚧属 *Aspidiotus*，但是考虑到本研究没有见到标本，不能够盲目进行属级变动，故在第四章依然将其作为一个属来看待。宽角圆盾蚧属 *Oceanaspidiotus* 和刺圆盾蚧属 *Octaspidiotus* 在形态结构上主要区别在于前者 L3 和 L4 背缘毛基部宽、粗，而后者 L2 和 L3 背缘毛披针状。故聚为一支，由特征 14（*CI*＝1.000），特征 45（*CI*＝0.250），特征 15（*CI*＝0.222）支持。本研究认为单纯从形态特征来讲，这一支与圆盾蚧属 *Aspidiotus*、台湾圆盾蚧属 *Taiwanaspidiotus* 可以并为一支，形成圆盾蚧亚族 Aspidiotina。腺圆盾蚧属 *Crassaspidiotus* 和等角圆盾蚧属 *Dynaspidiotus* 并为一支，由特征 15（*CI*＝0.222），特征 16（*CI*＝0.500），特征 28（*CI*＝0.222）和特征 44（*CI*＝0.286）支持，这两个属在周尧（1985）研究中认为其区别特征，如背腺管的多少与侧臀栉的宽窄，故将其归并为一个属，即等角圆盾蚧属 *Dynaspidiotus*，但 Ben-Dov（2003）依然将其分为 2 个属来对待。本研究认为此两属从文献资料的描述来看，应该并为一属来对待，之后将合并后的属并入圆盾蚧亚族

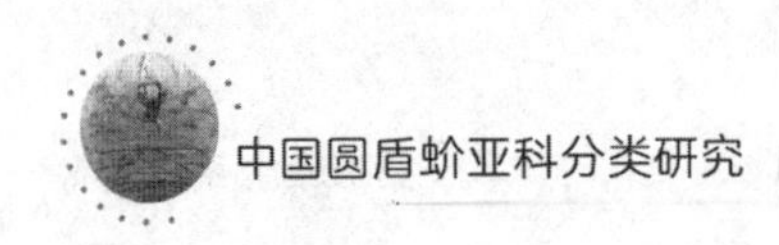

Aspidiotina。

高山圆盾蚧属 *Sadaotakagia*、网纹圆盾蚧属 *Pseudaonidia*、重圆盾蚧属 *Duplaspidiotus* 和环纹盾蚧属 *Semelaspidus* 合并为一支。由特征 2（*CI*＝0.500），特征 4（*CI*＝0.500），特征 13（*CI*＝0.143）和特征 23（*CI*＝1.000）等支持，支持率较高，从形态特征来看，这 4 属同属于臀板有网纹的属，汤祊德（1984）根据形态特征将其划入圆盾蚧族中的网纹盾蚧亚族 Pseudaonidiina，Andersen（2010）在其文章中根据分子生物学特征同样将其归为网纹盾蚧亚族 Pseudaonidiina。故此结果与其他学者的结果一致。

（5）刺盾蚧属 *Selenaspidus* 和棘盾蚧属 *selenomphalus* 并为一支，由特征 4（*CI*＝0.500），特征 11（*CI*＝0.500），特征 45（*CI*＝0.250）和特征 40（*CI*＝0.200）支持。这与周尧（1985）结果一致。

（6）肾圆盾蚧属 *Aonidiella*、金顶圆盾蚧属 *Chrysomphalus*、细圆盾蚧属 *Crenulaspidiotus*、冕圆盾蚧属 *Mycetaspis*、轮圆盾蚧属 *Lindingaspis* 和黑圆盾蚧属 *Melanaspis* 聚为一支，由特征 55（*CI*＝0.500），特征 50（*CI*＝0.400），特征 53（*CI*＝0.333）和特征 13（*CI*＝0.143）支持，支持率一般。周尧（1985）认为肾圆盾蚧属 *Aonidiella*、金顶圆盾蚧属 *Chrysomphalus* 连同栉圆盾蚧属 *Hemiberlesia*、钹盾蚧属 *Abgrallaspis* 属于一个族，即金顶盾蚧族 Chrysomphalini，而冕圆盾蚧属 *Mycetaspis*、轮圆盾蚧属 *Lindingaspis* 和黑圆盾蚧属 *Melanaspis* 属于一个族，即林盾蚧族 Lindingaspini。而汤祊德（1984）认为轮圆盾蚧属 *Lindingaspis*、肾圆盾蚧属 *Aonidiella* 和金顶圆盾蚧属 *Chrysomphalus* 同属于一个亚族，即金顶盾蚧亚族 Chrysomphalina，钹盾蚧属 *Abgrallaspis*、栉圆盾蚧属 *Hemiberlesia*、灰圆盾蚧属 *Diaspidiotus* 以及笠圆盾蚧属 *Quadraspidiotus* 并为一亚族，即栉圆盾蚧亚族 Hemiberlesiina。根据 Ben-Dov（2003）在其所著书中所写，笠圆盾

蚧属 *Quadraspidiotus* 并入灰圆盾蚧属 *Diaspidiotus*。所以灰圆盾蚧属 *Diaspidiotus* 的属级特征相当广泛，已经成为圆盾蚧亚科最大的一个属，在本研究中，灰圆盾蚧属 *Diaspidiotus* 作为一个单系群出现，由特征 7（*CI*=0.400），特征 50（*CI*=0.400），特征 45（*CI*=0.250），特征 27（*CI*=0.167）和特征 12（*CI*=0.167）等支持，支持率相对较高。而栉圆盾蚧属 *Hemiberlesia* 和钹盾蚧属 *Abgrallaspis* 聚为一支，由特征 33（*CI*=0.250），特征 28（*CI*=0.222），特征 26（*CI*=0.167）和特征 52（*CI*=0.143）支持，支持率相对较低。所以本研究认为：灰圆盾蚧属 *Diaspidiotus* 作为一个单系群存在，而栉圆盾蚧属 *Hemiberlesia* 和钹盾蚧属 *Abgrallaspis* 应该作为一个单独的族来看待；肾圆盾蚧属 *Aonidiella*、金顶圆盾蚧属 *Chrysomphalus*、细圆盾蚧属 *Crenulaspidiotus*、冕圆盾蚧属 *Mycetaspis*、轮圆盾蚧属 *Lindingaspis* 和黑圆盾蚧属 *Melanaspis* 作为一个族，即金顶盾蚧族 Chrysomphalini 来看待。

（7）新球杆圆盾蚧属 *Clavaspidiotus* 形态特殊，在周尧（1985）研究中记述为球杆圆盾蚧属 *Clavaspis*，而 Takagi（1974）对标本重新鉴定后将其移入新球杆圆盾蚧属 *Clavaspidiotus*，周尧（1985）认为球杆圆盾蚧属 *Clavaspis* 在中国已无分布。从本研究结果来看，此属作为一个单系群来看待，由特征 54（*CI*=0.333），特征 48（*CI*=0.333），特征 30（*CI*=0.250）和特征 26（*CI*=0.167）支持，支持率较低。

（8）长毛盾蚧属 *Morganella* 在周尧（1985）研究中归于圆盾蚧族 Aspidiotini，而汤祊德（1984）将其划入栉圆盾蚧亚族 Hemiberlesiina。由本研究结果来看，由特征 17（*CI*=0.250），特征 15（*CI*=0.222），特征 29（*CI*=0.200）和特征 39（*CI*=0.200）支持，支持率较低。但是由其特殊的形态特征，如缘毛特别发达、只一个中臀叶、背腺管退化等特征来看，可以作为一个单系群来看待。

（9）稞圆盾蚧属 *Chortinaspis* 在周尧（1985）研究中归于圆盾蚧族 Aspidiotini，而在本研究中将其作为一个单系群来看待，由特征 50（CI＝0.400）和特征 45（CI＝0.250）来支持，支持率相对较高。故本研究认为此属可以作为一个单系群来看待。从形态特征来说，本属与 Aspidiotini 族的特征有所出入，如有发达的腹面小腺管及侧臀叶缩入臀板边缘，臀叶数量不定等。

Danzig（1993）将圆盾蚧亚科分为 4 个族，包括 Parlatoriini、Leucaspidini、Odonaspidini 和 Aspidiotini。在这个分类系统中，将 Parlatoriini、Leucaspidini、Odonaspidini 都作为圆盾蚧亚科的一个族来处理，但是本研究认为 Parlatoriini、Leucaspidini、Odonaspidini 与圆盾蚧亚科的界定有很大出入。例如，Parlatoriini 中，虽然本族中的虫体呈圆形或卵圆形，但是据周尧（1982）和汤祊德（1984）所述，圆盾蚧亚科雌雄介壳色质相同，壳点在介壳的中部，而 Parlatoriini 雌雄介壳则为长形，且色质不同，壳点不在介壳的中部。而在 Andersen（2010）和 Morse（2006）所做的分子系统树中 Parlatoriini 明显聚为一支，并于圆盾蚧亚科明显成并系群，所以在本研究中认为应将其作为一个亚科看待。而 Odonaspidini 与圆盾蚧亚科的主要区别（汤祊德，1984）特征在于，本族所属种臀叶、臀栉与圆盾蚧亚科臀叶、臀栉发达明显不同，所以本研究中也将其作为一个亚科看待。Leucaspidini 在 1966 年被 Borschsenius 提升为亚科，周尧（1982）也将其作为一个亚科对待，本亚科与圆盾蚧亚科的主要区别在于本亚科所有种类均属于隐雌型，即所有雌成虫均被第二龄若虫的蜕皮覆盖，而不像圆盾蚧亚科及其他亚科的昆虫是由虫体分泌的蜡质及蜕皮的混合物形成的介壳覆盖，Andersen（2010）根据三个基因所作的系统一致树中 Leucaspidini 聚为一支，并与圆盾蚧亚科成并系群。

Takagi（2002）将圆盾蚧亚科分为 6 个族，即 Parlatoriini、Leucaspidini、 Odonaspidini、 Smilacicolini、 Thysanaspidini、

Aspidiotini，在本系统中，不能看出各个族之间的亲缘关系，属于简单的分层式关系。汤祊德（1986）和曾涛（1998）将Thysanaspidini作为盾蚧亚科的一个属处理，本属中臀叶之间具有腺刺，且腺管与缘刺均退化，明显属于围盾蚧族，本研究按照汤祊德和曾涛的系统将其作为一个盾蚧亚科属处理。Smilacicolini在汤祊德（1986）和周尧（1982）系统中均作为齿盾蚧亚科的一个属处理，根据其形态特征，本研究认同汤祊德（1986）和周尧（1982）的处理方法。对于这两个属的归属应采用更有效的方法来界定，譬如分子标记等。

附录　中国圆盾蚧亚科名录

一、奥盾蚧族 Aonidiini

1. 奥盾蚧属 *Aonidia* Targioni-Tozzetti，1868

（1）台湾奥盾蚧 *Aonidia formosana* Takahashi，1935

（2）拉拉山奥盾蚧 *Aonidia rarasana* Takahashi，1934

2. 桎圆盾蚧属 *Diaonidia* Takahashi，1956

（3）肉桂桎圆盾蚧 *Diaonidia cinnamomi*（Takahashi，1936）

3. 図盾蚧属 *Greeniella* Cockerell，1897

（4）缨図盾蚧 *Greeniella fimbriata*（Ferris，1955）

（5）番樱桃図盾蚧 *Greeniella lahoarei*（Takahashi，1931）

二、网纹盾蚧族 Pseudaonidiini

4. 环纹盾蚧属 *Semelaspidus* MacGillivray，1921

（6）多孔环纹盾蚧 *Semelaspidus multiporu* sp. nov.

（7）椰子环纹盾蚧 *Semelaspidus theobromae* Williams，1957 rec. nov.

（8）杧果环纹盾蚧 *Semelaspidus mangiferae* Takahashi，1939

5. 网纹圆盾蚧属 *Pseudaonidia* Cockerell，1897

（9）网纹圆盾蚧 *Pseudaonidia duplex*（Cockerell，1896）

（10）牡丹网纹圆盾蚧 *Pseudaonidia paeoniae*（Cockerell，1899）

（11）三叶网纹圆盾蚧 *Pseudaonidia trilobitiformis*（Green，1896）

（12）苏铁网纹圆盾蚧 *Pseudaonidia cycasae* sp. nov.

6. 高山圆盾蚧属 *Sadaotakagia*（Ben-Dov et German，2003）

（13）西山高山圆盾蚧 *Sadaotakagia sishanensis*（Tang，1984）

7. 重圆盾蚧属 *Duplaspidiotus* MacGillivray，1921

（14）栢柳重圆盾蚧 *Duplaspidiotus claviger*（Cockerell，1901）

（15）西双重圆盾蚧 *Duplaspidiotus xishuangensis* Young，1986

三、小圆盾蚧族 Aspidiellini

8. 微圆盾蚧属 *Remotaspidiotus* MacGillivray，1921

（16）波斯豆微圆盾蚧 *Remotaspidiotus bossieae*（Maskell，1892）

9. 根圆盾蚧属 *Rhizaspidiotus* MacGillivray，1921

（17）厦门根圆盾蚧 *Rhizaspidiotus amoiensis* Tang，1984

（18）太岳根圆盾蚧 *Rhizaspidiotus taiyuensis* Tang，Hao，Shi et Tang，1991

10. 小圆盾蚧属 *Aspidiella* Leonardi，1898

（19）稗小圆盾蚧 *Aspidiella dentata* Borchsenius，1958

（20）甘蔗小圆盾蚧 *Aspidiella sacchari*（Cockerell，1893）

四、刺盾蚧族 Selenaspidini

11. 刺盾蚧属 *Selenaspidus* Cockerell，1897

（21）刺盾蚧 *Selenaspidus articulatus*（Morgan，1889）

（22）仙人掌刺盾蚧 *Selenaspidus rubidus* McKenzie，1953

12. 棘盾蚧属 *Selenomphalus* Mamet，1958

（23）棘盾蚧 *Selenomphalus euryae*（Takahashi，1958）

（24）桑棘盾蚧 *Selenomphalus murius* sp. nov.

五、圆盾蚧族 Aspidiotini

13. 长毛盾蚧属 *Morganella* Cockerell，1897

（25）长毛盾蚧 *Morganella longispina*（Morgan，1889）

14. 稞圆盾蚧属 *Chortinaspis* Ferris，1938

（26）双叶稞圆盾蚧 *Chortinaspis biloba*（Maskell，1898）

（27）饰稞圆盾蚧 *Chortinaspis decorata* Ferris，1952

（28）天目稞圆盾蚧 *Chortinaspis tianmuensis* sp. nov.

15. 刺圆盾蚧属 *Octaspidiotus* MacGillivray，1921

（29）双管刺圆盾蚧 *Octaspidiotus bituberculatus* Tang，1984

（30）兰花刺圆盾蚧 *Octaspidiotus cymbidii* Tang，1984

（31）台湾刺圆盾蚧 *Octaspidiotus machili*（Takahashi，1931）

（32）梁王茶刺圆盾蚧 *Octaspidiotus nothopanacis*（Ferris，1953）

（33）松刺圆盾蚧 *Octaspidiotus pinicola* Tang，1984

（34）杜鹃刺圆盾蚧 *Octaspidiotus rhododendronii* Tang，1984

（35）楠刺圆盾蚧 *Octaspidiotus stauntoniae*（Takahashi，1933）

（36）云南刺圆盾蚧 *Octaspidiotus yuannanensis*（Tang et Chu，1983）

（37）胡颓子刺圆盾蚧 *Octaspidiotus pungens* sp. nov.

（38）蔷薇刺圆盾蚧 *Octaspidiotus australiensis* Kuwana，1933 rec. nov.

16. 宽角圆盾蚧属 *Oceanaspidiotus* Takagi，1984

（39）隔宽角圆盾蚧 *Oceanaspidiotus spinosus* Comstock，1883

（40）上海宽角圆盾蚧 *Oceanaspidiotus shanghaiensis* sp. nov.

17. 腺圆盾蚧属 *Crassaspidiotus* Takagi，1969

（41）铁杉腺圆盾蚧 *Crassaspidiotus takahashii* Takagi，1969

18. 等角圆盾蚧属 *Dynaspidiotus* Thiem et Gerneck，1934

（42）坎帕尼亚等角圆盾蚧 *Dynaspidiotus degeneratus*（Leonardi，1896）

（43）冷杉等角圆盾蚧 *Dynaspidiotus meyeri*（Marlatt，1908）

（44）云杉等角圆盾蚧 *Dynaspidiotus piceae*（Tang，Hao，Shi et Tang，1991）

19. 台湾圆盾蚧属 *Taiwanaspidiotus* Takagi，1965

（45）杜鹃台湾圆盾蚧 *Taiwanaspidiotus shakunagi*（Takahashi，1935）

（46）栲台湾圆盾蚧 *Taiwanaspidotus yiei* Takagi，1965

20. 圆盾蚧属 *Aspidiotus* Bouché，1833

（47）安宁圆盾蚧 *Aspidiotus anningensis* Tang et Chu，1983

（48）樟树圆盾蚧 *Aspidiotus beilschmiediae*（Takagi，1969）

（49）柳杉圆盾蚧 *Aspidiotus cryptomeriae* Kuwana，1902

（50）中华圆盾蚧 *Aspidiotus chinensis* Kuwana et Muramatsu，1931

（51）兰花圆盾蚧 *Aspidiotus cymbidii* Bouché，1844

（52）透明圆盾蚧 *Aspidiotus destructor* Signoret，1869

（53）飞蓬圆盾蚧 *Aspidiotus excisus*（Green，1896）

（54）球兰圆盾蚧 *Aspidiotus hoyae* Takagi，1969

（55）圆盾蚧 *Aspidiotus nerii* Bouche，1833

（56）石甘圆盾蚧 *Aspidiotus pothos* Takagi，1969

（57）中央圆盾蚧 *Aspidiotus sinensis*（Ferris，1952）

（58）橡胶圆盾蚧 *Aspidiotus taraxacus*（Tang，1984）

（59）汤氏圆盾蚧 *Aspidiotus tangfangtehi* Ben-Dov，2003

（60）荚蓬圆盾蚧 *Aspidiotus watanabei* Takagi，1969

（61）山茶圆盾蚧 *Aspidiotus japonicus*（Takagi，1957）

（62）宁波圆盾蚧 *Aspidiotus ningboensis* sp. nov.

（63）太原圆盾蚧 *Aspidiotus taiyuanensis* sp. nov.

六、金顶盾蚧族 Chrysomphalini

21. 细圆盾蚧属 *Crenulaspidiotus* MacGillivray，1921

（64）塞勒斯细圆盾蚧 *Crenulaspidiotus cyrtus* Miller et Davidson，1981

22. 新球杆圆盾蚧属 *Clavaspidiotus* Takagi *et* Kawai，1966

（65）火棘新球杆圆盾蚧 *Clavaspidiotus tayabanus*（Cockerell，1905）

23. 钹盾蚧属 *Abgrallaspis* Balachowsky，1948

（66）茶钹盾蚧 *Abgrallaspis cyanophlli*（Sigpret，1869）

24. 肾圆盾蚧属 *Aonidiella* Berlese et Leonardi，1895

（67）橘红肾圆盾蚧 *Aonidiella aurantii*（Maskell，1879）

（68）橘黄肾圆盾蚧 *Aonidiell citrina*（Coquillett，1891）

（69）番荔枝肾圆盾蚧 *Aonidiella comperei* McKenzie，1937

（70）杂食肾圆盾蚧 *Aonidiella inornata* McKenzie，1938

（71）无花果肾圆盾蚧 *Aonidiella messengeri* McKenzie，1953

（72）东方肾圆盾蚧 *Aonidiella orientalis* Newstead，1894

（73）罗汉松肾圆盾蚧 *Aonidiella podocarpus* sp. nov.

（74）松肾圆盾蚧 *Aonidiella pini* Young et Lu，1988

（75）苏铁肾圆盾蚧 *Aonidiella sotetsu*（Takahashi，1933）

（76）香蕉肾圆盾蚧 *Aonidiella simplex*（Grandpré et Charmoy，1899）

（77）紫杉肾圆盾蚧 *Aonidiella taxus* Leonardi，1906

（78）铁杉肾圆盾蚧 *Aonidiella tsugae* Takagi，1969

25. 金顶盾蚧属 *Chrysomphalus* Ashmead，1880

（79）褐圆金顶盾蚧 *Chrysomphalus aonidum*（Linnaeus，1758）

（80）拟褐圆金顶盾蚧 *Chrysomphalus bifasciculatus* Ferris，1938

（81）橙圆金顶盾蚧 *Chrysomphalus dictyospermi*（Morgan，1889）

（82）梅金顶盾蚧 *Chrysomphalus mume* Tang，1984

（83）雪氏金顶盾蚧 *Chrysomphalus silvestrii* chou，1946

（84）柑橘金顶盾蚧 *Chrysomphalus ficus* Ashmead，1880

（85）松针金顶盾蚧 *Chrysomphalus pinnulifer*（Maskell，1891）rec. nov.

（86）溆浦金顶圆盾蚧 *Chrysomphalus xupuensis* sp. nov.

26. 栉圆盾蚧属 *Hemiberlesia* Cockerell，1896

（87）杜鹃栉圆盾蚧 *Hemiberlesia chipponsanensis*（Takahashi，1935）

（88）松栉圆盾蚧 *Hemiberlesia pitysophila* Takagi，1969

（89）中华栉圆盾蚧 *Hemiberlesia sinensis* Ferris，1953

（90）马尾栉圆盾蚧 *Hemiberlesia massonianae* Tang，1984

（91）夹竹桃栉圆盾蚧 *Hemiberlesia palmae*（Cockerell，1892）

（92）棕榈栉圆盾蚧 *Hemiberlesia lataniae*（Signoret，1869）

（93）桂花栉圆盾蚧 *Hemiberlesia rapax*（Comstock，1896）

（94）红叶李栉圆盾蚧 *Hemiberlesia ceraifera* sp. nov.

27. 灰圆盾蚧属 *Diaspidiotus* Berlese，1896

（95）柞灰圆盾蚧 *Diaspidiotus cryptoxanhus*（Cockerell，1900）

（96）桧灰圆盾蚧 *Diaspidiotus cryptus*（Ferris，1953）

（97）沙枣灰圆盾蚧 *Diaspidiotus elaeagni*（Borchsenius，1939）

（98）杨灰圆盾蚧 *Diaspidiotus gigas*（Thiem & Gerneck，1877）

（99）辽宁灰圆盾蚧 *Diaspidiotus liaoningensis*（Tang，1984）

（100）冷杉灰圆盾蚧 *Diaspidiotus makii*（Kuwana，1932）

（101）桦灰圆盾蚧 *Diaspidiotus ostreaeformis*（Curtis，1843）

（102）板栗灰圆盾蚧 *Diaspidiotus perniciabilus* Wang et Zhang，1994

（103）梨灰圆盾蚧 *Diaspidiotus perniciosus*（Comstock，1881）

（104）突灰圆盾蚧 *Diaspidiotus slavonicus*（Green，1934）

（105）厚皮香灰圆盾蚧 *Diaspidiotus ternstroemiae*（Ferris，1952）

（106）土伦灰圆盾蚧 *Diaspidiotus turanicus*（Borchsenius，1935）

（107）新疆灰圆盾蚧 *Diaspidiotus xinjiangensis* Tang，1984

（108）宁夏灰圆盾蚧 *Diaspidiotus dateus* sp. nov.

七、林盾蚧族 Lindingaspini

28. 冕圆盾蚧属 *Mycetaspis* Cockerell，1897

（109）冕盾蚧 *Mycetaspis personata*（Comstock，1883）

29. 轮圆盾蚧属 *Lindingaspis* MacGillivray，1921

（110）费氏轮圆盾蚧 *Lindingaspis ferrisi* McKenzie，1950

（111）夹竹桃轮圆盾蚧 *Lindingaspis rossi* Maskell，1891

30. 黑圆盾蚧属 *Melanaspis* Cockerell，1897

（112）菝葜黑圆盾蚧 *Melanaspis smilacis*（Comstock，1883）

参考文献 References

卜文俊，1988. 国际动物命名法规［S］. 4 版. 北京：科学出版社.

彩万志，庞雄飞，花保祯，等.2001. 普通昆虫学［M］. 北京：中国农业大学出版社.

曹曼曼，2010. 我国斑翅山鹑遗传多样性与分子系统地理学研究［D］. 甘肃：兰州大学.

曾涛，1998. 中国盾蚧亚科分类研究（同翅目：盾蚧科）［D］. 咸阳：西北农林科技大学.

陈方洁，1983. 中国雪盾蚧族［M］. 成都：四川科技出版社.

陈学新，1997. 昆虫生物地理学［M］. 北京：中国林业出版社.

胡金林，1984. 盾蚧科两新种（同翅目：蚧总科）［J］. 昆虫学研究集刊，4：215-219.

胡金林，1985. 盾蚧科一新属两新种（同翅目：蚧总科）［J］. 昆虫学研究集刊，5：263-266.

胡金林，1986. 海南岛蚧虫研究（一）［J］. 昆虫学研究集刊，6：213-227.

黄大卫，1996. 支序系统学概论［M］. 北京：中国农业出版社.

黄大卫，2001. 生物地理学面临的难题［J］. 动物学报，47（5）：593-597.

李莉，1989. 中国圆盾蚧亚科分类研究（同翅目：盾蚧科）［D］. 咸阳：西北农林科技大学.

李涛，2010. 中国圆盾蚧族分类研究（半翅目：盾蚧科）［D］. 咸阳：西北农林科技大学.

梁爱萍，2005. 关于停止使用"同翅目 Homoptera"目名的建议［J］. 昆虫知识，42（3）：332-337.

刘浩宇，2010. 青藏高原拟步甲区系与地理分布（鞘翅目：拟步甲总科）［D］. 保定：河北大学.

孟凯巴伊尔，2003. 历史生物地理学中的 BPA 分析法Ⅰ：初级 BPA［J］.

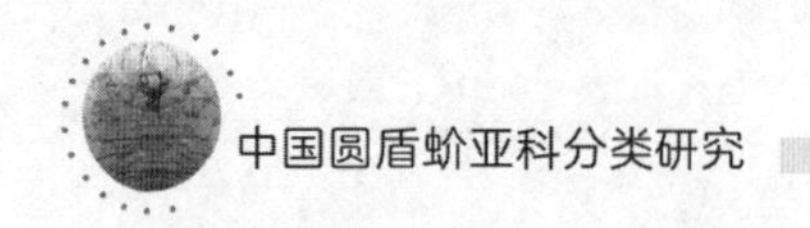

动物学杂志，38 (5)：64-68.

孟凯巴伊尔，2004. 历史生物地理学中的 BPA 分析法Ⅱ：二级 BPA [J]. 动物学杂志，39 (1)：52-59.

桑名伊之吉，1917. 日本介壳虫图说后编 [M]. 东京：嵩山堂.

汤祊德，1977. 中国园林主要蚧虫：第一卷 [M]. 晋中：山西农学院.

汤祊德，1984. 中国园林主要蚧虫：第二卷 [M]. 晋中：山西农业大学.

汤祊德，1986. 中国园林主要蚧虫：第三卷 [M]. 晋中：山西农业大学.

汤祊德，1991. 我国盾蚧科一新记录属及三新种（同翅目）[J]. 昆虫学报，34 (4)：461-462.

汤祊德，1991. 云南昆明附近污染区油杉蚧类三新种 [J]. 动物分类学报，8 (3)：301-302.

汤祊德，2002. 关于胡氏《中国昆虫名录》（蚧类）的评论和补遗 [J]. 山西农业大学学报，21 (2)：97-102.

陶家驹，1989. 台湾省蚧虫名录 [J]. 台中农业改良场研究专报，22：57-70.

王琛，2010. 陕西园林蚧虫种类调查（半翅目：蚧总科）[D]. 咸阳：西北农林科技大学.

王爱兰，2009. 大黄属的系统发育与生物地理学 [D]. 兰州：兰州大学.

王亮红，2010. 陕西秦岭地区盾蚧的分类研究（半翅目：盾蚧科）[D]. 咸阳：西北农林科技大学.

王子清，1980. 常见蚧虫鉴定手册 [M]. 成都：四川科学技术出版社.

王子清，1994. 枝圆盾蚧属新种记述（同翅目：蚧总科：盾蚧科）[J]. 动物分类学报，19 (3)：326-328.

谢映平，1998. 山西林果蚧虫 [M]. 北京：中国林业出版社.

徐公天，1990. 盾蚧科介壳的形成及外观识别 [J]. 辽宁林业科技 (5)：34-35.

杨平澜，1982. 中国蚧虫分类概要 [M]. 上海：上海科技出版社.

姚宏仁，1985. 盾蚧科的精子超微结构研究及其分类意义的探讨（同翅目：蚧总科）[J]. 昆虫学研究集刊，5：333-345.

袁水霞，2007. 中国牡蛎蚧亚科分类研究（同翅目：盾蚧科）[D]. 咸阳：西北农林科技大学.

张奠湘，2003. 历史生物地理学的进展 [J]. 热带亚热带植物学报，11

（3）：283-289.

张凤萍，2006. 中国片盾蚧亚科分类研究（同翅目：盾蚧科）[D]. 咸阳：西北农林科技大学.

张景欧，1929. 中国介壳虫名录 [M]. 南京：国立中央大学农学院.

张明理，2000. 历史生物地理学的理论和方法 [J]. 地质前缘，7（增刊）：33-44.

张荣祖，2004. 中国动物地理 [M]. 北京：科学出版社.

周尧，1964. 昆虫分类学 [M]. 杨陵：西北农学院.

周尧，1982. 中国盾蚧志：第一卷 [M]. 西安：陕西科技出版社.

周尧，1985. 中国盾蚧志：第二卷 [M]. 西安：陕西科技出版社.

周尧，1986. 中国盾蚧志：第三卷 [M]. 西安：陕西科技出版社.

Amerling C，1858. More physiocratic observations on fruit trees of the Prag area [J]. Lotos，8：99-104.

Andersen J C，2010. A phylogenetic analysis of armored scale insects（Hemiptera：Diaspidae），based upon nuclear，mitochondrial，and endosymbiont gene sequences [J]. Molecular phylogenetic and evolution，57（3）：992-1003.

Ashmead W H，1891. A generic synopsis of the Coccidae. Family X-Coccidae [J]. Transcations of the Entomological Society of America，18：92-102.

Atkinson E T，1886. Insect-pests belonging to the homopterous family Coccidae. Journal of the Asiatic Society of Bengal [J]. Natural History，55：267-298.

Balachowsky A S，1948. Les cochenilles de France，d'Europe，du nord de I'Afrique et du basin Méditerranéen Ⅳ. Monographie des Coccoïdea. Classification-Diaspidinae (Premïère partie) [J]. Actualités Scientifigues et Industrielles，10542：43-394.

Balachowsky A S，Kaussari M，1951. Coccoidea-Diaspinae nouveaux du sud-est de l'Iran [J]. Bulletin de la Société Fouad ler d'Entomologie，35：1-15.

Banks H J，1990. Armored scale Insects：Their Biology，Natural Enemies and Control [J]. Physiology and biochemistry，267-274.

Ben-Dov Y, Takagi S, 1974. Resurrection of *Natalaspis* MacGillivray, with notes on the identity and on the larvae of the type-species (Homoptera: Coccidea) [J]. Insecta Matsumurana, 3: 43-53.

Ben-Dov Y, 1976. A new species of *Chortinaspis* Ferris from the Sinai peninsula (Homoptera: Diaspididae) [J]. Revue de Zoologie Africaine, 90: 204-208

Ben-Dov, Y & V German, 2003. A systematic catalogue of the Diaspididae (armoured scale insects) of the world, subfamilies Aspidiotinae, Comstockiellinae and Odonaspidinae [J]. Intercept Led., Andover, 1111.

Ben-Dov Y, 2006. Taxonomy of*Aonidiella yehudithae* sp. nov. and *Lindingaspis misrae* (Laing) comb. nov. with a key to species of *Aonidiella* Berliese *et* Leonardi (Hemiptera: Coccoidea: Diaspididae) [J]. Zootaxa, 1190: 51-57.

Ben-Dov, Y Miller D R, Gibson GAP. a database of the scale insects of the world [J/OL]. United States Department of Agriculture (USDA), 2006. http://www. sel. barc. usda. gov/scalenet/scalenet. htm.

Ben-Dov Y, 2011. Diaspididae: Aspidiotinae [J/OL]. ScaleNet, 2011-5-5. http://www. sel. barc. usda. gov/scalenet/scalenet. htm.

Blank R H, Olson M H, 1987. Invasion of greedy scale crawlers onto kiwifruit taraire trees [J]. New Zealand Entomologist, 10: 127-130.

Borchsenius N S, Williams D J, 1964. A study of the types of some little-known genera of Diaspididae with descriptions of new genera (Hemiptera: Coccidea) [J]. BULL. BR. MUS. NAT. HIST. ENTOMOL., 13: 353-394.

Borchsenius N S, 1966. A catalogue of the armoured scale insects (Diaspidioidea) of the world [J]. Moscow *et* Leningrad: Nauka.

Boratynski K L, Davies R G, 1971. The taxonomic value of male Coccoidea with an evaluation of some numerical techniques [J]. Biological Journal of the Linnean Society, 3: 57-102.

Brimblecombe A R, 1960, New species of Diaspididae [J]. Queonsl. Journ. Asr. Sci., XVI: 395- 401.

Brimblecombe A R, 1953, Studies of the Coccoidea. 1. New species of Neoleonardia [J]. Queensland Journal of Agricultural Science, 10: 161-166.

Brimblecombe A R，1954，Studies of the Coccoidea. 2. Revision of some of the Australian Aspidiotini described by Maskell [J] . Queensland Journal of Agricultural Science，11：149-160.

Brimblecombe A R，1955，Studies of the Coccoidea. 3. The genus *Chentraspis*，*Clavaspis*，*Lindingaspis* and *Morganella* in Queensland [J]. Queensland Journal of Agricultural Science，12：39-56.

Brimblecombe A R，1956. Studies of the Coccoidea. 4. New species of Aspidiotini [J]. Queensland Journal of Agricultural Science，13：107-122.

Brimblecombe A R，1957. Studies of the Coccoidea. 6. New genera and new species of Aspidiotini [J]. Queensland Journal of Agricultural Science，14：191-261.

Brimblecombe A R，1958. Studies of the Coccoidea. 7. New designations of some Australian Diaspididae [J]. Queensland Journal of Agricultural Science，15：59-94.

Brimblecombe A R，1959. Studies of the Coccoidea. 8. Three new genera and sixteen new species of Aspidiotini [J]. Queensland Journal of Agricultural Science，16：121-156.

Brimblecombe A R，1959b. Studies of the Coccoidea. 10. New species of Diaspididae [J]. Queensland Journal of Agricultural Science，16：381-407.

Brimblecombe A R，1962. Studies of the Coccoidea. 12. Species occuring on deciduous fruit and nut trees in Queensland [J]. Queensland Journal of Agricultural Science，19：219-229.

Brimblecombe A R，1962. Studies of the Coccoidea. 13. The genera *Aonidiella*，*Chrysomphalus* and *Quadraspidiotus* in Queesland [J]. Queensland Journal of Agricultural Science，19：403-423.

Brimblecombe A R，1968. Studies of the Coccoidea. 14. The genera *Aspidiotus*，*Diaspidiotus* and *Hemiberlesia* in Queensland [J]. Queensland Journal of Agricultural Science，25：39-56.

Brown S W，1957. Chromosome behaviorin *Comstockiella sabalis* (Comst.) (Coccoidea：Diaspididae) [J]. Genetics，42：362-363.

Brown S W，1960. Chromosome aberrationin two aspidiotine species of the armored scale insects (Coccoidea：Diaspididae) [J]. Nucleus. Calcutta，

3：135-160.

Brown S W，1963. The Comstockiella system of chromosome behavior in the armored scale insects (Coccoidea：Diaspididae) [J]. Chromosoma，Berlin，14：360-406.

Brown S W，De lotto G，1959. Cytology and sex ratios of an African species of armored scale insect (Coccoidea：Diaspididae) [J]. American Naturalist，93：369-379.

Brooks R F，Bullock R C，1966. Control of yellow scale，*Aonidiella citrine*，on Florida citrus [J]. Florida Entomologist，49 (3)：185-188.

Burmeister H，1839. Handbuch der Entomologie. Zweiter Band. Besondere ntomologie [M]. Enslin，Berlin.

Cockerell T D A，1896. Preliminary diagnoses of new Coccidae [J]. Psyche. Supplement，7：18-21.

Cockerell T D A，1897. The San José scale and its nearest allies [J]. United states Department of Agriculture，Division of Entomology，Technical Series，6：1-31.

Cockerell T D A，1899. Article VII - First supplement to the check-list of the Coccidae [J]. Bulletin of the Illinois State Laboratory of Natural History，5：389-398.

Cockerell T D A，1900. Four new Coccidae from Arizona [J]. Canadian Entomologist，32：129-132.

Cockerell T D A，Robison E，1914. Description and records of Coccidae. Ⅰ. subfamily Diaspine. Ⅱ. Non-Diaspine subfamilies [J]. Bulletion of the American Museum of Natural History，33：327-335.

Comstock H J，1881. Notes on Coccidae [J]. Canadian Entomologist，13：8-9.

Danzig E M，1993. Fanna of Russia and neighbouring countries Rhynchota，Volume X：suborder scale insects：families Phoenicococcidae and Diaspididae [M]. Russian：St. Petersburg：'Nauka' Publishing House. 452.

Dayrat B，2005. Towards integrative taxonomy [J]. Biological Journal of the Linnean Society，85：407-415.

Deyrolle A M E，1875. Les collections entomologiques. La collection d' Henipteres de M. Signoret [J]. Petites Nouvelles Entomologiques, 121: 483-484.

Emily R, Morrison, 1966. An annotated list of generic names of the scale insects (Homoptera: Coccoidea) [J]. Agricultural Research Service United states Department of Agriculture, 206.

Fernald M E, 1903. A catalogue of the Coccidae of the world [J]. Bulletin of the Hatch Agricultural Experiment Station, 88: 360.

Ferris G F, 1921. Some Coccidae from Eastern Asia [J]. Bull. Ent. Res., 12: 211-220.

Ferris G F, 1936. Contributions to the knowledge of the Coccoidea (Homoptera) [J]. I. Microentomology, 1-16, 17-92.

Ferris G F, 1937. Atlas of the scale insects of North America [M]. Series 1. Palo Alto, California: Stanford University Press.

Ferris G F, 1938. Atlas of the scale insects of North America [M]. Series 2. Palo Alto, California: Stanford University Press.

Ferris G F, 1941. Atlas of the scale insects of North America [M]. Series 3. Palo Alto, California: Stanford University Press.

Ferris G F, 1942. Atlas of the scale insects of North America [M]. Series 4. Palo Alto, California: Stanford University Press.

Ferris G F, 1946. Information concerning the genera*Chortinaspis* and *Aspidiotus* (Homoptera: Coccoidea: Diaspididae) [J]. Microentomology, 11: 37-49.

Ferris G F, 1950. Report upon scaleinsects collected in China [J]. Part Ⅰ. Microent, 15: 1-34.

Ferris G F, 1950. Report upon scaleinsects collected in China [J]. Part Ⅱ. Microent., 15: 70-79.

Ferris G F, 1952. Report upon scaleinsects collected in China (Homoptera: Coccoidea) [J]. Part Ⅲ. Microent, 17: 6-9.

Ferris G F, 1952. Report upon scaleinsects collected in China (Homoptera: Coccoidea). Part Ⅲ. Microent, (1): 6-16.

Ferris G F, 1953. Report upon scaleinsects collected in China [J]. Part Ⅳ. *Microent.*, 18 (3): 59-84.

Ferris G F，1954. Report upon scaleinsects collected in China (Homoptera：Coccoidea) [J]. Part Ⅴ. Microent，19：51-55.

Ferris G F，1955. Report upon scaleinsects collected in China (Homoptera：Coccoidea) [J]. Part Ⅴ. Microent，20：30-40.

Foldi I，1990b.. Armored Scale Insects：Their Biology，Natural Enemies，and Control [J]. The Scale cover，43-54.

Gregory A E，Gillian W W，2009. A new species of armored scale (Hemiptera：Coccoidea：Diaspididae) found on avocado fruit from Mexico and a key to the species of armored scales found on avocado worldwide [J]. Zootaxa，1991：57-68.

Green E E，1900. Supplementary notes on the Coccidae of Ceylon [J]. Journal of the Bombay Natural History Society，13：66-76.

Geoffrey E M，Benjamin B N，2006. A molecular phylogenetic study of armoured scale insects (Hemiptera：Diaspididae) [J]. Systematic Entomology，31：338-349.

Gullan P J，Cook L G，2007. Phylogeny and higher classification of the scale insects (Hemiptera：Sternorrhyncha：Coccoidea) [J]. Zootaxa，1668：413-425.

Hall W J，Williams D J，1962. New Diaspididae (Homoptera：Coccoidea) from the Indo-Malayan region [J]. Bulletin of the British Museum (Natural History) Entomology，13：21-43.

Hebert P D N，Cywinska A，Ball S L，*et*，2003. " Biological identifications through DNA barcodes" [J]. Proc. R. Soc. Lond. 270 (1512)：313-321.

Henderson R C，2011. Diaspididae (Insecta：Hemiptera：Coccoidea) [J]. Fauna of New Zealand，66：1-274.

Howell J O，Tippins H H，1977. Descriptions of first instars of nominal type-species of eight diaspidid tribes [J]. Ann. Ent. Soc. Amer.，70：119-135.

Howell J O，Takagi S，1981. Neoquernaspis：New genus of armoured scale from East Asia [J]. Ann. Ent. Soc. Amer.，74 (5)：457-488.

Howell J O，1980. The value of second-stage malesin armoured scale insects (Diaspididae) phyletics [J]. Isreal Journal of Ent.，14：87-96.

Howell J O，1984. Review ofrecent studies on the Utilization of the immatures in the classification andp hylogeny Of scale insects [J]. Verhandlungen int. Syrup. Entomofaun. Mitteleur.，10：328-330.

James F S，2000. Hemlock Scale，*Abgrallaspis ithacae* (Ferris) (Homoptera：Diaspididae) [J]. Entomology circular，26 (197)：15-16.

Jeremy C. A，2009. A phylogenetic analysis of armored scale insects，based upon nuclear，mitochondrial andendosymbiont gene sequences [D]. England：The University of Massachusetts.

Kosztarab，Michael，1979. Morphology and systematics of the first instars of the genus Cerococcus (Homoptera：Coccoidea：Cerococcidae) [J]. Research Division，Dept. of Entomology，College of Agriculture and Life Sciences，Agricultural Experiment Station，Virginia Polytechnic Institute and State University，11：122.

Kuwana I，1924. The Diaspine Coccidae of Japan Ⅰ [J]. Japan Dept. Finance.，Imp. Plant Quar. Serv. Tech. Bull.，2：1-18.

Kuwana I，1925. The Diaspine Coccidae of Japan Ⅱ [J]. Japan Dept. Finance.，Imp. Plant Quar. Serv. Tech. Bull.，3：1-42.

Kuwana I，1926. The Diaspine Coccidae of Japan Ⅳ [J]. Japan Dept. Finance，Imp. Plant Quar. Serv. Tech. Bull.，4：1-44.

Kuwana I，1927. The Diaspine Coccidae of Japan Ⅴ [J]. Japan Dept. Finance，Imp. Plant Quar. Serv. Tech. Bull.，1：2-39.

MacGillivray A D，1921. Tables for the identification of the subfamilies and some of the more important genera and species together with discussions of their anatomy and life history [J]. The Coccidae，Urbana：Scarab Company，522.

Linnaeus C，1758. Insecta. Hemiptera. Coccus. Systema naturae. X ed. Holmiae：Salvii. 823.

Laura R，David M S，2005. Scale insects [J]. Current Biology，19：5.

Marlatt C L，1908. The genus *Pseudaonidia* [J]. Proceeding of the Entomological Society of Washington，9：131-141.

Mamet J R，1951. Notes on the Coccoidea of Madagascar Ⅱ [J]. Mémoires de l'Institut Scientifique de Madagascar (Ser. A)，4：1-86.

McDaniel B, 1968. The armored scale insects of Texas (Homoptera: Coccidea: Diaspididae) [J]. Southwestern Naturalist, 13: 201-242.

McKenzie H L, 1938. The genus *Aonidiella* (Homoptera: Coccidea: Diaspididae) [J]. Microentomology, 3: 1-36.

McKenzie H L, 1939. A revision of the genus *Chrysomphalus* and supplementary notes on the genus *Aonidiella* (Homoptera: Coccidea: Diaspididae) [J]. Microentomology, 4: 51-77.

McKenzie H L, 1943. Miscellaneousdiaspid studies including notes on *Chrysomphalus* (Homoptera: Coccidea: Diaspididae) [J]. Bulletion of the California Department of Agriculture, 32: 148-162.

McKenzie H L, 1945. A revision of *Parlatoria* and closely allied Genera (Homoptera: Coccoidea: Diaspididae) [J]. Microent., 10 (2): 47-121.

McKenzie H L, 1946. Supplementary Notes on the Genera*Aonidiella* and *Parlatoria* (Homoptera: Coccoidea: Diaspididae) [J]. Microent., 11 (1): 29-36.

McKenzie H L, 1950. The genus *Lindingaspis* MacGillivray and *Marginaspis* Hall (Homoptera: Coccoidea: Diaspididae) [J]. Microentomology, 15: 98-124.

Miller D R, J A Davidson, 1981. A systematic revision of the armoured scale genus *Crenulaspidiotus* MacGillivray (Diaspididae, Homoptera) [J]. Polskie pismo Entomologiczne, 51: 531-595.

Miller D R, J A Davidson, 1998. A new species of armored scale (Hemiptera: Coccoidea: Diaspididae) previously confused with *Hemiberlesia diffinis* (Newstead) [J]. Proceedings of the Entomological Society of Washington, 100: 193-201.

Miller D R, J A Davidson, 2005. Armored scale insect pests of trees and shrubs [J]. Cornell Univ. Press, Ithaca: New York, 442.

Miller D R, Williams D, 2007. *Stringaspidiotus* MacGillivray (Hemiptera: Coccoidea: Diaspididae) A new synonym of *Pseudaonidia* Cockerell, with a redescription of the type species [J]. Proc. Entomol. Soc. Wash, 109 (4): 772-778.

Miller D R, Gimpel M E, 2008. Diaspididae: Diaspidinae & Leucaspidinae [J/

OL]. ScaleNet, http: //www. sel. barc. usda. gov/scalenet/valid. html.

Munting J, 1965. New and Little Know Armoured Scales (Homoptera: Diaspididae) from South Africa I [J]. Ent. Soc. S. Africa., 27 (2): 230-238.

Munting J, 1967. New andlittle known armoured scales (Homoptera: Diaspididae) from South Africa II [J]. Ent. Soc. Sth. Afr., 30 (2): 54-273.

Munting J, 1968. On some new genus and species of armoured scale insects (Homoptera: Diaspididae) from South Africa [J]. Novos Taxa. Ent., 84: 1-14.

Munting J, 1968. A New Genus and Species of Armoured Scale (Homoptera: Coccoidea: Diaspididae) from Ethiopia [J]. Ent. Soc. Sth. Afr., 31 (1): 209-211.

PaulaZ, Lucia E C, 2005. Diaspididae (Hemiptera: Coccoidea) Aspciadas a Frutales en la Argentina [J]. Neotropical Entomology, 34 (2): 255-272.

Qin T K, Penny J G, G Andrew C B, 1998. Biogeography of the wax scale (Insecta: Hemiptera: Coccidae: Ceroplastinae) [J]. Journal of Biogeography, 25: 37-45.

Rutherford A, 1914. Some newceylon coccidae [J]. Bulletin of Entomological Research, 5: 259-268.

Robison E, 1918. Coccidae of the Philippine Islands [J]. Phillippine Journal of Science, 13: 145-147.

Robert E, Colm C, Joanne P M, 2008. DNA diagnostics of three armored scale species on kiwifruit in New Zealand [J]. Journal of Economic Entomology, 101 (6): 1944-1949.

Sanders J G, 1906. Catalogue of recently described Coccidae I [J]. United States Department of Agriculture. Bureau of Entomology, Technical Series, 12: 1-18.

Sanders J G, 1908. Catalogue of recently described Coccidae II [J]. United States Department of Agriculture. Bureau of Entomology, Technical Series, 16: 33-60.

Signoret V, 1868. Essai monographique sur les aleurodes [J]. Annales de la Société Entomologique de France, 8: 369-402.

Shelley L, Ball & Karen F. Armstrong. Using DNA barcodes to investigate the taxonomy of the New Zealandsooty beech scale insect. Doc research & development, Series 287: 5-14

Soo-JungSuh, 2008. Notes on *Aspidiotus chinensis* Kuwana and Muramatsu collected on *Cymbidium* imported from China (Hemiptera: Diaspididae) [J]. Journal of Asia-Pacific Entomology, 11 (2008): 167-169.

Sridhar P, Miller D R, 2000. Life history of the Putnam scale, *Diaspidiotus ancylus* (Putnam) (Hemiptera: Coccoidea: Diaspididae) on blueberries (Vaccinium: corymbosum: ericaceae) in new jersey, with a world list of scale insects on blueberries [J]. Proc. Entomol. Soc. Wash., 102 (3): 549-560.

Sulc K, 1895. Studie O Coccidech I [J]. Véstn. Kr. Ceskespol. Nauk., 49: 1

Swofford D L, 2002. PAUP * 4.0: Phylogenetic Analysis Using Parsimony (*, and other methods). Beta version 4.0 beta 10. Sunderland: Sinauer Associates.

Takumasa K, Penny J G, Douglas J W, 2008. Coccidology. The study of Scale Insect (Hemiptera: Sternorrhyncha: Coccoidea) [J]. Revusta Corpoica- Ciencia Tecnologia Agropecuaria, 9 (2): 55-61.

Takagi S, 1956. Four new species of *Diaspidiotus* and *Quadraspidiotus* (Homoptera: Coccoidea) [J]. Insecta Matsumurana, 19: 113-116.

Takagi S, 1957. A revision of the Japanese species of the genus *Aspidiotus*, with description of a new genus and a new species [J]. Insecta Matsumurana, 21: 31-40.

Takagi S, 1958. New or little known scale insects of the tribe Aspidiotini, with a list of the genera and species occurring in Japan [J]. Insecta Matsumurana, 21: 121-131.

Takagi S, 1959. Notes on the scale insects of the tribe Odonaspidini occurring in Japan (Homoptera: Coccoidea) [J]. Insecta Matsumurana, 22: 92-95.

Takagi S, 1959. A new species of the genus *Selenomphlus* Mamet from Japan [J]. Insecta Matsumurana, 22: 112-114.

Takagi S, 1960. Two little-known Diaspididae from South-Eastern Asia (Homoptera: Coccoidea) [J]. Akitu, 9: 77-79.

Takagi S, 1961. A contribution to the knowledge of the Diaspidini of Japan (Homoptera: Coccoidea) Part Ⅱ [J]. Insecta Matsumurana, 24: 4-42.

Takagi S, 1962. *Aonidiella comperei* McKenzie from Formosa [J]. Insecta Matsumurana, 25: 52.

Takagi S, 1963. Discovery of *Duplaspidiotus claviger* in Japan [J]. Insecta Matsumurana, 25: 123.

Takagi S, Kawai S, 1966. Some Diaspididae of Japan (Homoptera: Coccoidea) [J]. Ins. Mats., 28 (2): 93-120.

Takagi S, 1967. Examinations of the type slides of three Diaspididae described from Japan (Homoptera: Coccoidea) [J]. Ins. Mats., 30 (1): 52-55.

Takagi S, 1969. Diaspididae of Taiwan Based on material collected in connection with the Japan-U. S. cooperative science programme, 1965 (Homoptera: Coccoidea) [J]. Part I. Ins. Mats., 32 (1): 1-110.

Takagi S, 1970. Diaspididae of Taiwan Based On Material Collected In Connection With The Japan-U. S. cooperative science programme, 1965 (Homoptera: Coccoidea) [J]. Part II. Ins. Mats., 33: 1-146.

Takagi S, Yamamoto M, 1974. Two new banana-infesting scale insects of *Hemiberlesia* or *Abgrallaspis* from Ecuador (Homoptera: Coccidea) [J]. Insecta Matsumurana, 3: 35-42.

Takagi S, 1974. An approach to the *Hemiberlesia* problem (Homoptera: Coccidea) [J]. Insecta Matsumurana, 3: 1-33.

Takagi S, 1975. Coccoidea collected by the Hokkaido University expedition to Nepal Himalaya, 1968 (Homoptera) [J]. Insecta Matsumurana. Series entomology, New series, 6: 1-33.

Takagi S, 1977. Five species of Diaspididae associated with Pinaceae in Gentral Nepal (Homoptera: Coccidea) [J]. Insecta Matsumurana. Series entomology, New series, 11: 1-30.

Takagi S, Tang F T, 1982. A new scale insect of the Quernaspis group (Homoptera: Coccoidea: Diaspididae) from China [J]. Kontyu, Tokyo,

50 (1): 100-103.

Takagi S, 1984. Some Aspidiotinae Scale insects with enlarged setae on the pygidial lobes Homoptera: Coccoidea: Diaspididae) [J]. Insecta Matsumurana, 28: 1-69.

Takagi S, 1989. Adiaspidine scale insect in convergence to the tribe Lepidosaphedini (Homoptera: Coccoidea: Diaspididae) [J]. Insecta Matsumurana. Series entomology, New series, 42: 123-142.

Takagi S, 1990. Sem observations on the tests of some Diaspididae (Homoptera: Coccidea) [J]. Ins. Mats., New Series, 44: 17-80.

Takagi S, 1990. Disk pores of Diaspididae: Microstructure and taxonomic value (Homoptera: Coccoidea) [J]. Ins. Mats., New Series, 44: 81-112.

Takagi S, 1993. Premitive Diapidini (Homoptera: Coccoidea: Diaspididae) [J]. Insecta Matsumurana. Series entomology. New series, 49: 1-67.

Takagi S, Williams D J, 1998. A new mangrove-infesting species of *Aulacaspis* occurring in southeast Asia, with revision of *A. vitis* (Homoptera: Coccoidea: Diaspididae) [J]. Insecta Matsumurana. Series entomology. New series, 54: 51-76.

Takagi S, 2000. Four extraordinary diaspidids (Homoptera: Coccidea) [J]. Insecta Matsumurana, 57: 39-87.

Takagi S, 2002. One new subfamily and two new tribes of the Diaspididae (Homoptera: Coccidea) [J]. Insecta Matsumurana, 59: 55-100.

Takagi S, 2003. Some burrowing Diaspidids from Eastern Asia (Homoptera: Coccoidea) [J]. Insecta Matsumurana. Series entomology, New series, 60: 67-173.

Takagi S, 2007. A revised concept of *Morganella*, with other forms (Homoptera: Coddidea: Diaspididae) [J]. Insecta Matsumurana. Series entomology, New series, 63: 51-65.

Takagi S, 2008. A fifth species of Chionandaspis, with reference to the significance of momotypic genera (Sternorrhyncha: Coccoidea: Diaspidiae) [J]. Insecta Matsumurana. Series entomology, New series, 64: 117-126.

Takagi S, 2008. Anectraordinary pupullarial genus of scale insects associated with annonaceae in *Tropicalasia* (Sternorrhyncha: Coccidea: Diaspididae) [J]. Insecta Matsumurana. Series entomology, New series, 64: 81-115.

Takahashi, Ryoichi, 1956. Three new genera and a new species of Diaspidae from Japan (Coccoidea, Homoptera) [J]. Insecta Matsumurana, 20 (1): 23-28.

Takahashi R, 1957. Some Japanese species of Diaspididae (Coccoidea, Homoptera) [J]. Trans. Nat. Hist. Soc. Formosa, 5 (7): 104-111.

Takahashi R, 1928. Coccidae of Formosa. 2. Trans. Nat. Hist. Soc. Formosa, 18: 253-261.

Takahashi R, 1929. Observations on the Coccidae of Formosa [J]. Part I. Dept. agr. Govt Res. Inst. Formosa, Rept, 40: 1-82.

Takahashi R, 1930. Observations on the Coccidae of Formosa [J]. Part 2. Dept. agr. Govt. Inst. Formosa, Rept, 48: 1-41.

Takahashi R, 1931. Descriptions of some new Formosan Coccidae (Rhynchota) [J]. Bull. ent. Res., 21: 1-5.

Takahashi R, 1931, Descriptions of some new Formosan Coccidae (Rhynchota) [J]. Bull. ent. Res., 22: 211-281.

Takahashi R, 1933. Observations on the Coccidae of Formosa [J]. Part 3. Dept. agr. Govt. Res. Inst. Formosa, Rept., 60: 41-55.

Takahashi R, 1934. Observations on the Coccidae of Formosa [J]. Part 4. Dept. agr. Gov't. Res. Inst. Formosa, Rept., 63: 1-38.

Takahashi R, 1935. Observations on the Coccidae of Formosa [J]. Part 5. Dept. agr. Govt. Res. Inst. Formosa, Rept., 66: 1-37.

Takahashi R, 1935-1936. Some Coccidae from China (Hemiptera) [M]. Peking Natural History Bulletin, 10 (3): 217-222.

Takahashi R, 1936. Some Coccidae from Formosa and Japan (Homoptera) I [M]. Peking Natural History Bulletin, 9 (1): 1-8.

Takahashi R, 1937. Some Coccidae from Formosa and Japan (Homoptera) Ⅱ [M]. Peking Natural History Bulletin, 9 (2): 69-72.

Takahashi R, 1938. Some Coccidae from Formosa and Japan (Homoptera) Ⅲ [M]. Peking Natural History Bulletin, 11: 42-45.

Takahashi R, 1939. Some Coccidae from Formosa and Japan (Homoptera)

Ⅳ [M]. Peking Natural History Bulletin，12：86-89.

Takahashi R，1942. Some Coccidae from Malaya and Hongkong (Homoptera) [J]. Trans. Nat. Hist. Soc. Formosa，ⅩⅩⅩⅡ，221：63-68.

Takahashi R，1942. Somein jurious insects of agricultural plants and of rest trees in Thailand and Indocina Ⅱ [J]. Coccidae. Gov. Asr. Res. Inst. Report，81：1-56.

Takahashi R，1955. Some scale insects of the Loochoo Islands (Homoptera) [J]. Bull. Biogeogr. Soc. Japan，ⅩⅥ：238-242.

Targioni T A，1867. Studi sulle Cocciniglie. Memorie della Societa Italiana di Scienze Naturali [J]. Milano，3 (3)：1-87.

Wappler T，Ben-Dov Y，2008. Preservation of armoured scale insects on angiosperm leaves from the Eocene of Germany [J]. Acta Palaeontologica polonica，53 (4)：627-634.

Watrous L E，Wheeler Q D，1981. The out-group comparison method of character analysis [J]. Syst. Zool，30：1-11.

Warren T，Johnson，1982. The scale insect，a paragon of confusion [J]. Journal of Arboriculture，8 (5)：113-123.

Williams D J，C Granara de Willink，1992. Mealybugs of Central and South America [M]. CAB International. London，635.

Williams D J，1963. Synoptic revisions of I *Lindingaspis* and Ⅱ *Andaspis* with two new allied genera (Hemiptera：Coccoidea) Ⅱ [M]. Bulletion of the British Museum (Natural History) Entomology，15：1-31.

Williams D J，Watson G W，1988. The scale insects of the tropical South Pacific region [M]. Pt. 1：The armoured scales (Diaspididae). London：CAB International Institute of Entomology，290.

Wu C G，1935. CataloguesInsctorum Sinensium-Coccidae.

Young B L，Lu D，1988. A new scale insect on pine needles from Sichuan (Coccidea：Diaspididae) [J]. Contributions of the Shanghai Institute of Entomology，8 (8)：189-192.

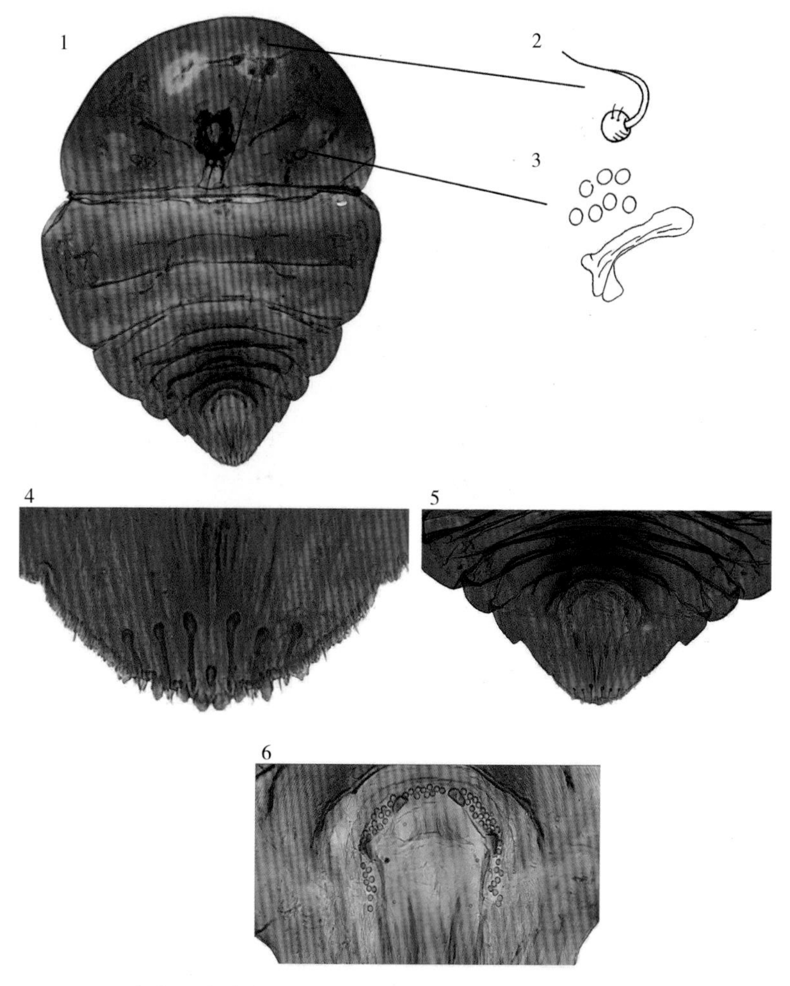

多孔环纹盾蚧 *Semelaspidus multiporu* sp. nov. (♀)

1. 成虫体　2. 触角　3. 气门　4、5. 臀板　6. 围阴腺孔

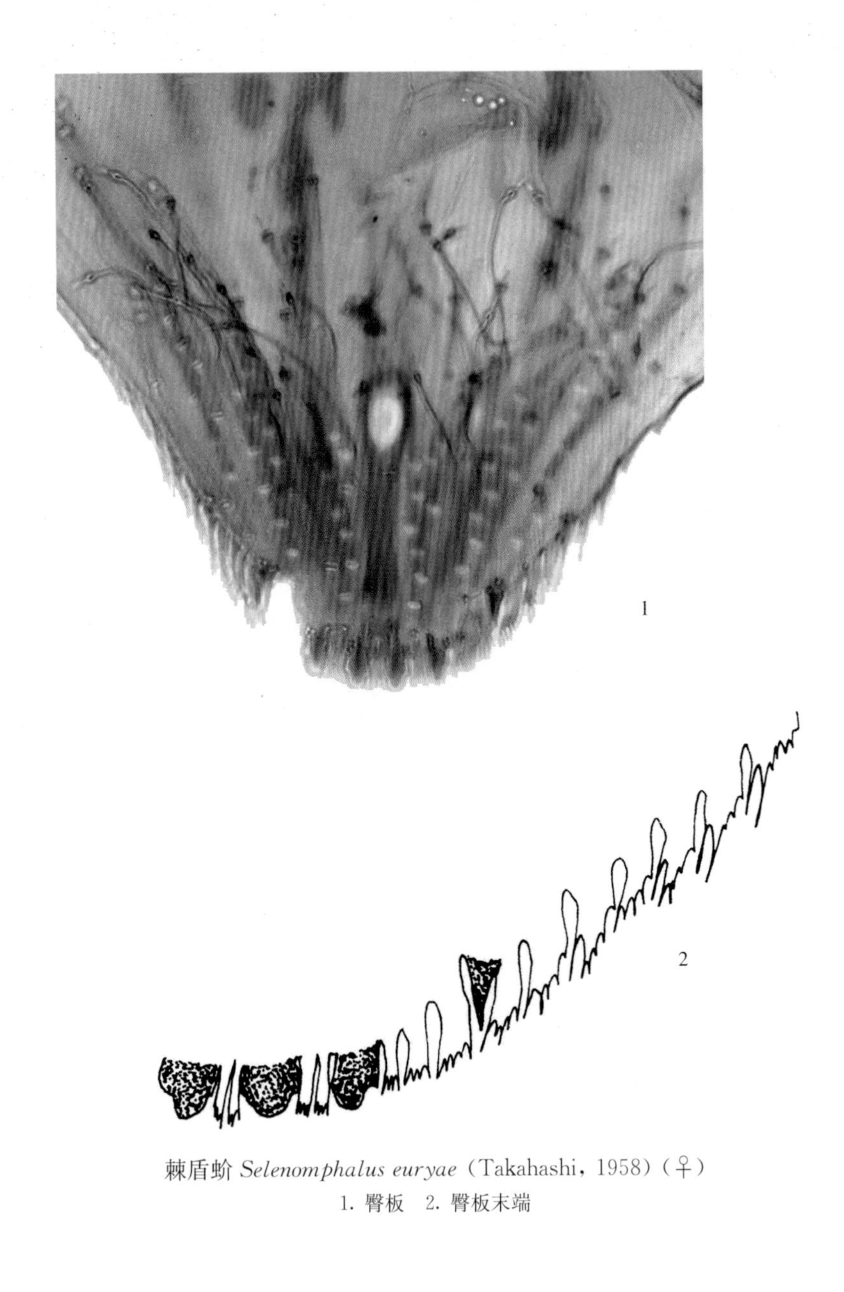

棘盾蚧 *Selenomphalus euryae* (Takahashi, 1958) (♀)

1. 臀板　2. 臀板末端

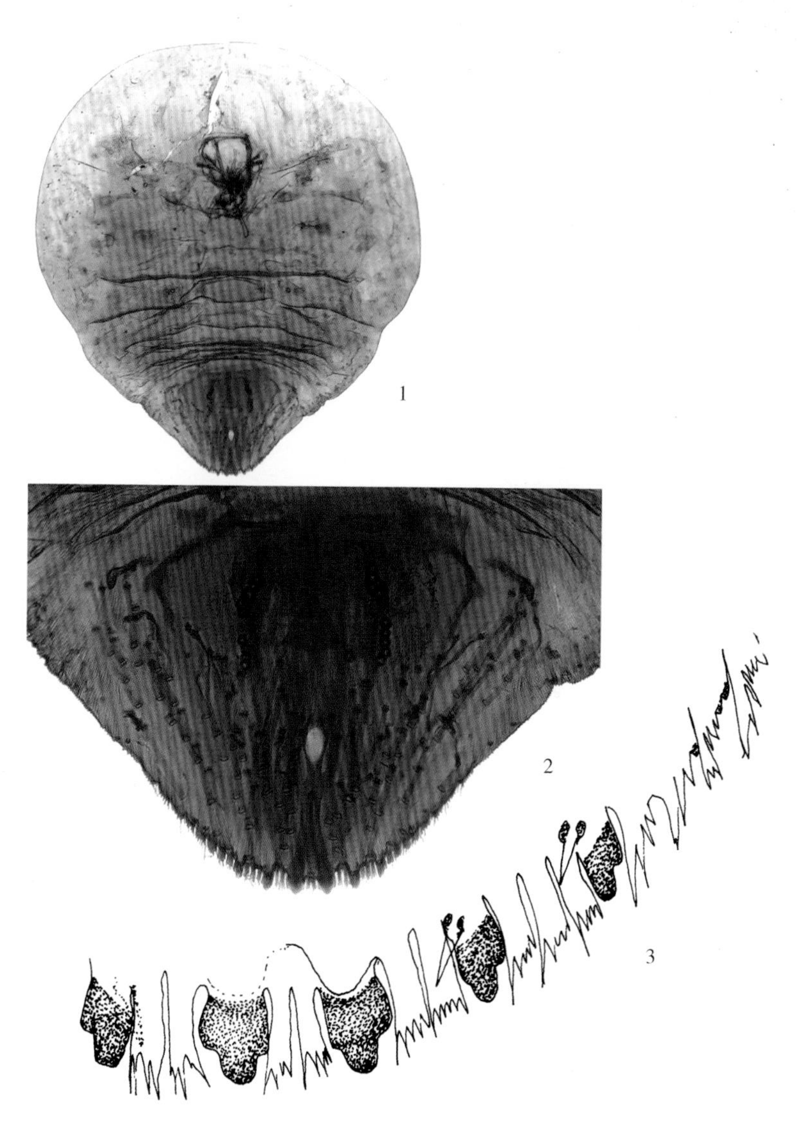

梁王茶刺圆盾蚧 *Octaspidiotus nothopanacis* (Ferris, 1953) (♀)

1. 成虫体　2. 臀板　3. 臀板末端

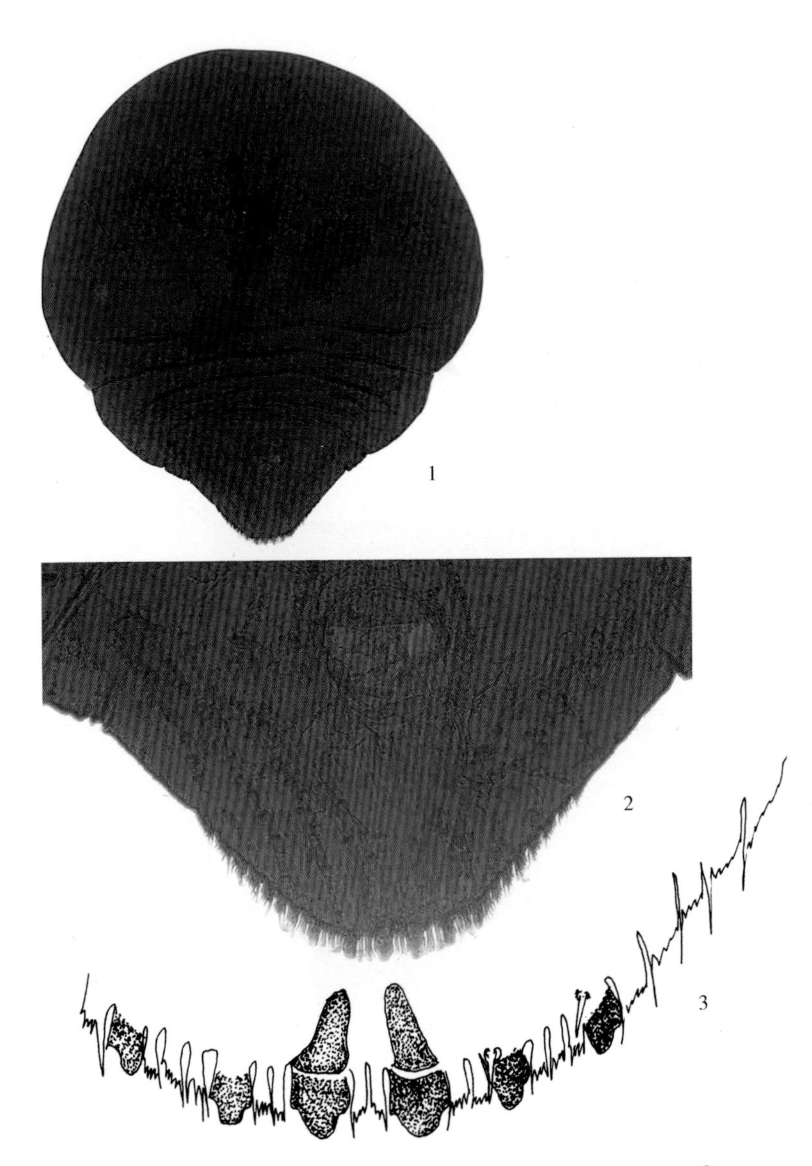

楠刺圆盾蚧 *Octaspidiotus stauntoniae*（Takahashi，1933）（♀）

1. 成虫体　2. 臀板　3. 臀板末端

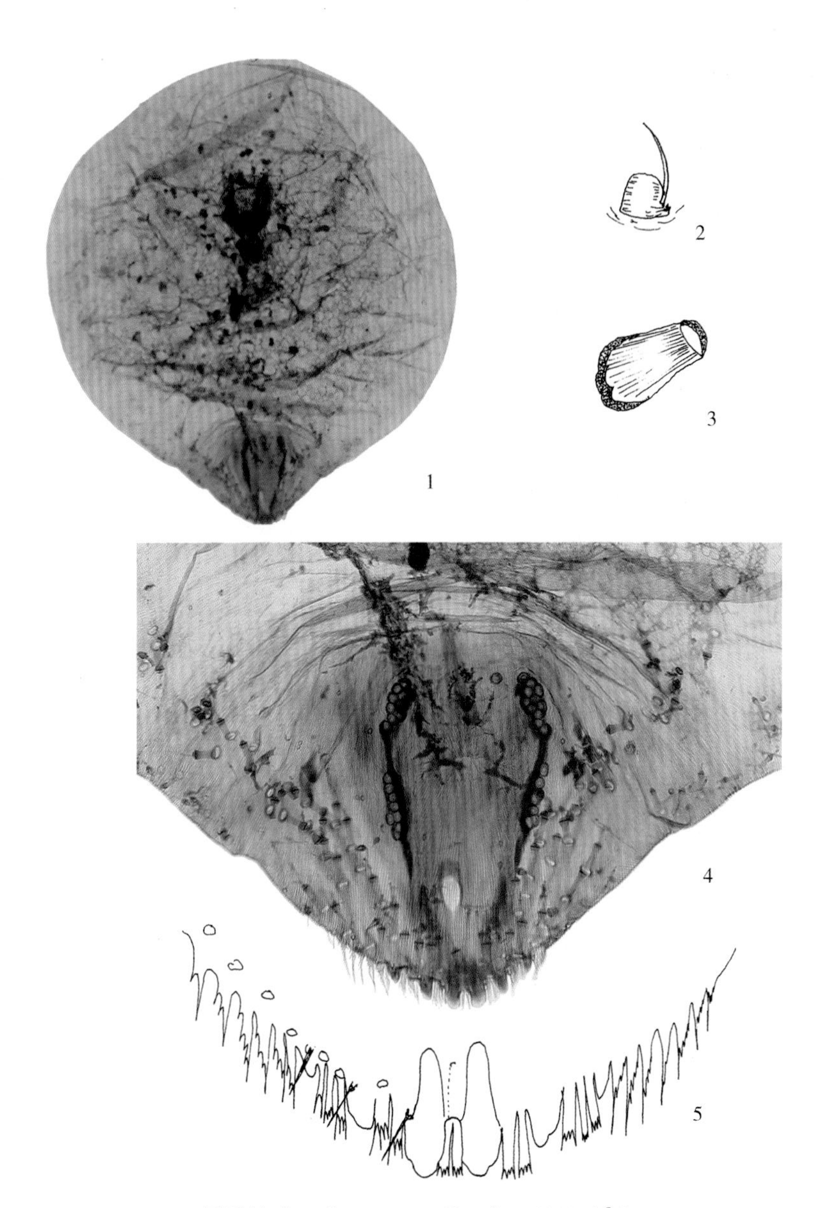

圆盾蚧 *Aspidiotus nerii* Bouché，1833（♀）

1. 成虫体　2. 触角　3. 气门　4. 臀板　5. 臀板末端

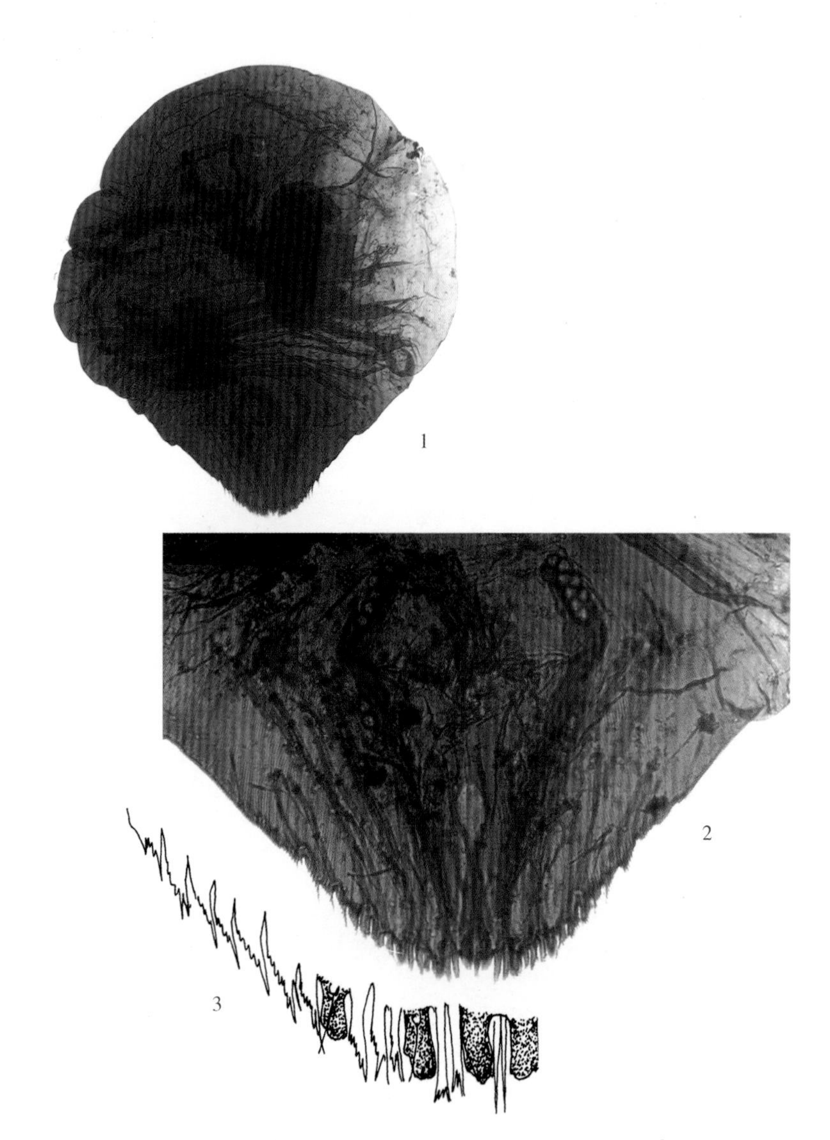

石甘圆盾蚧 *Aspidiotus pothos* (Takagi，1969)（♀）

1. 成虫体　2. 臀板　3. 臀板末端

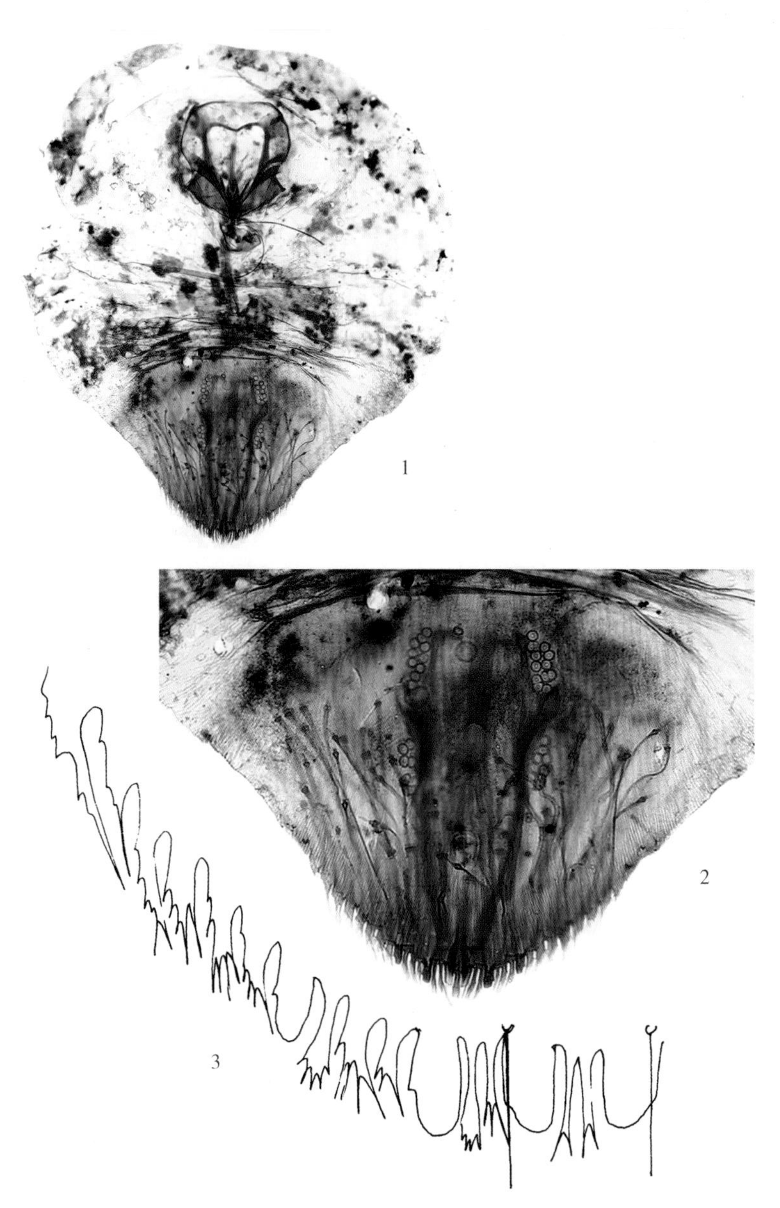

橡胶圆盾蚧 *Aspidiotus taraxacus* (Tang, 1984) (♀)

1. 成虫体　2. 臀板　3. 臀板末端

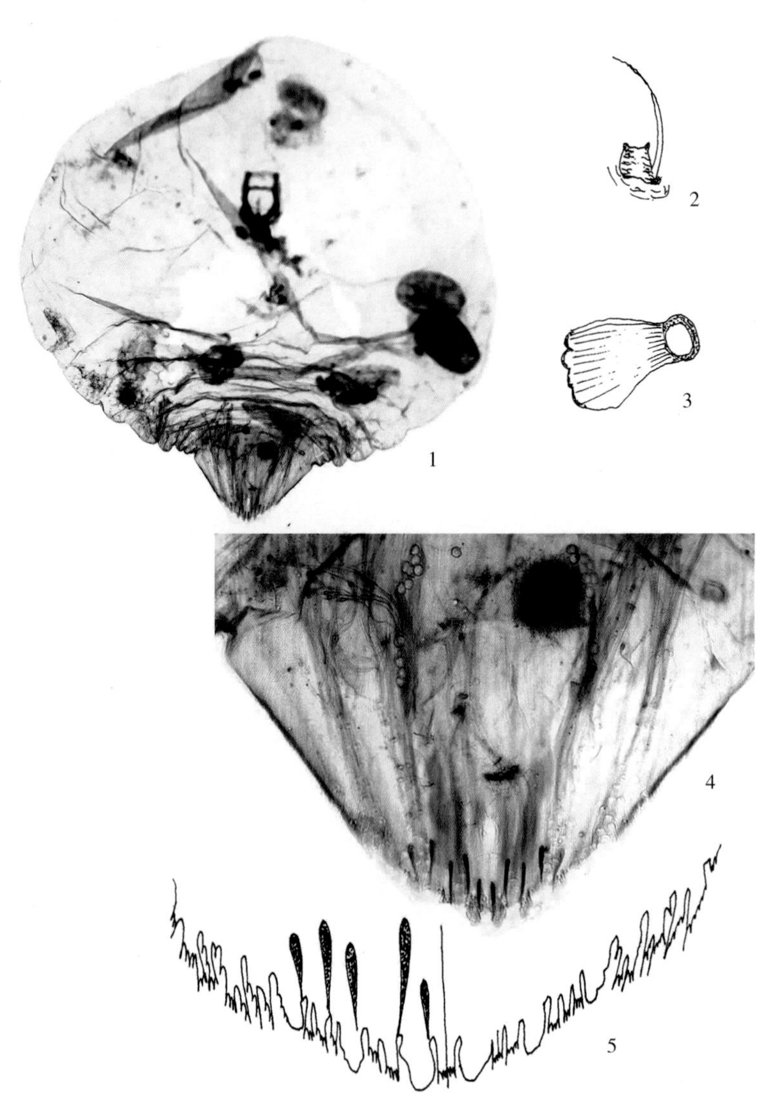

褐圆金顶盾蚧 *Chrysomphalus aonidum*（Linnaeus，1758）（♀）

1. 成虫体　2. 触角　3. 气门　4. 臀板　5. 臀板末端

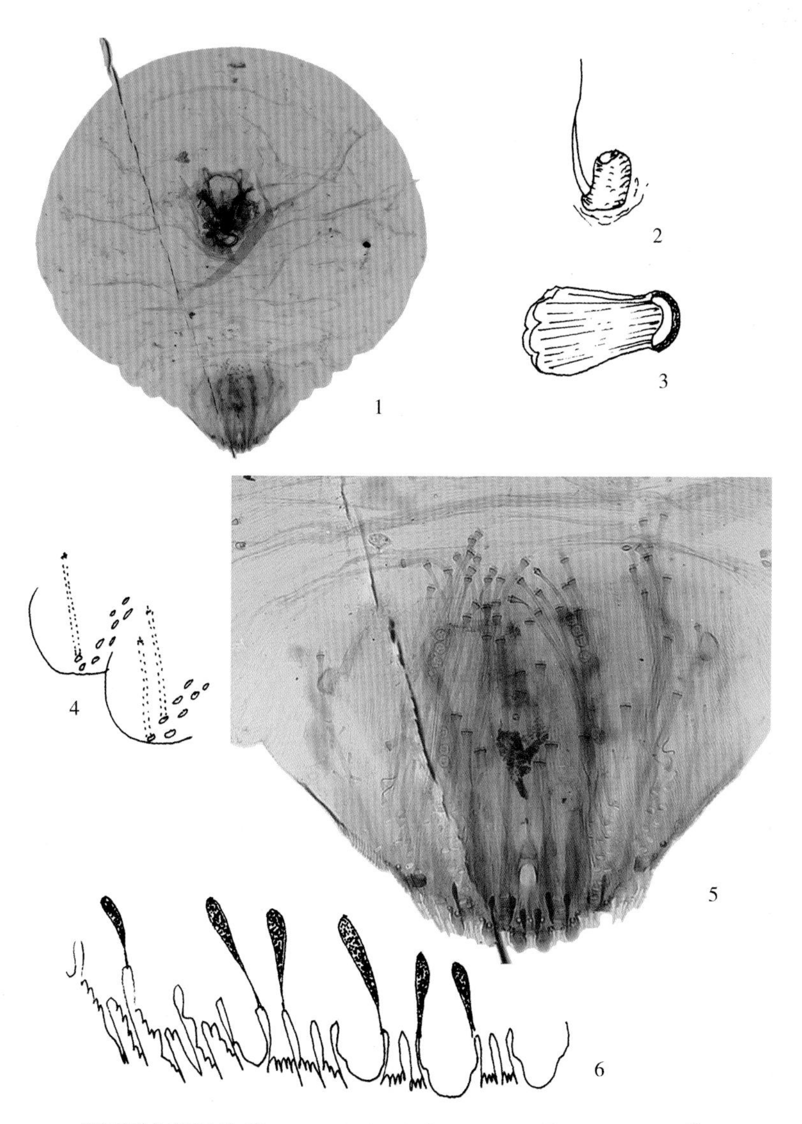

拟褐圆金顶盾蚧 *Chrysomphalus bifasciculatus* Ferris，1938（♀）

1. 成虫体　2. 触角　3. 气门　4. 臀前腹节腺管　5. 臀板　6. 臀板末端

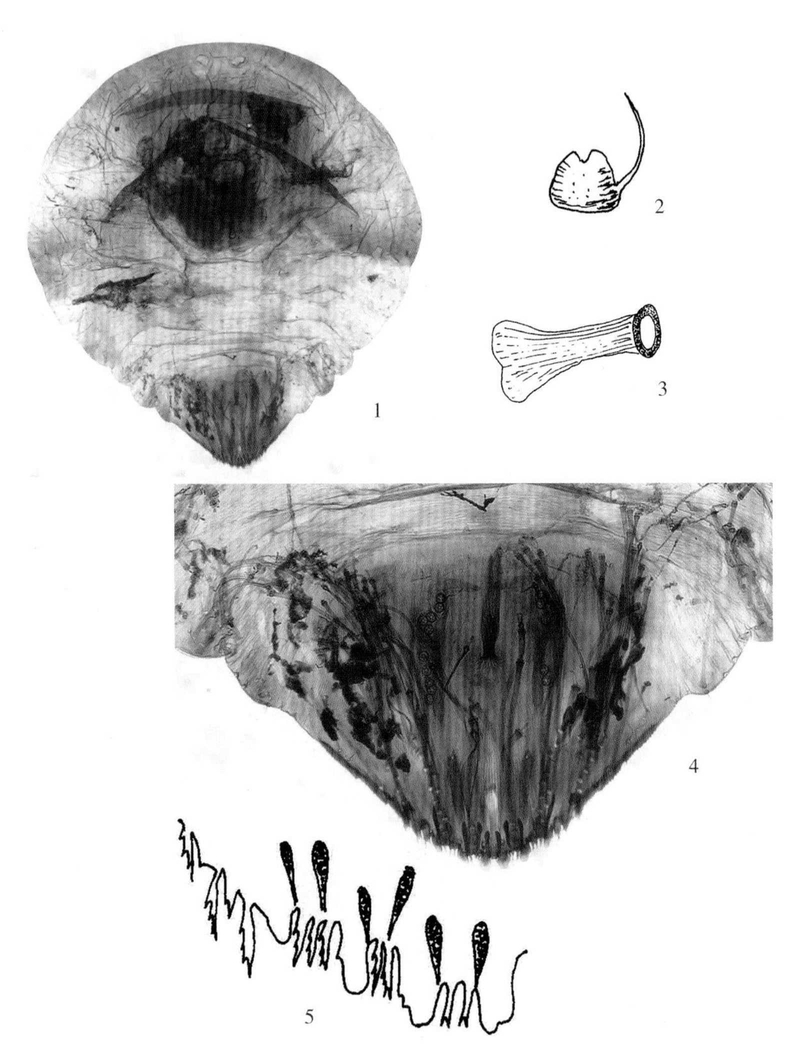

橙圆金顶盾蚧 *Chrysomphalus dictyospermi*（Morgan，1889）（♀）

1. 成虫体　2. 触角　3. 气门　4. 臀板　5. 臀板末端

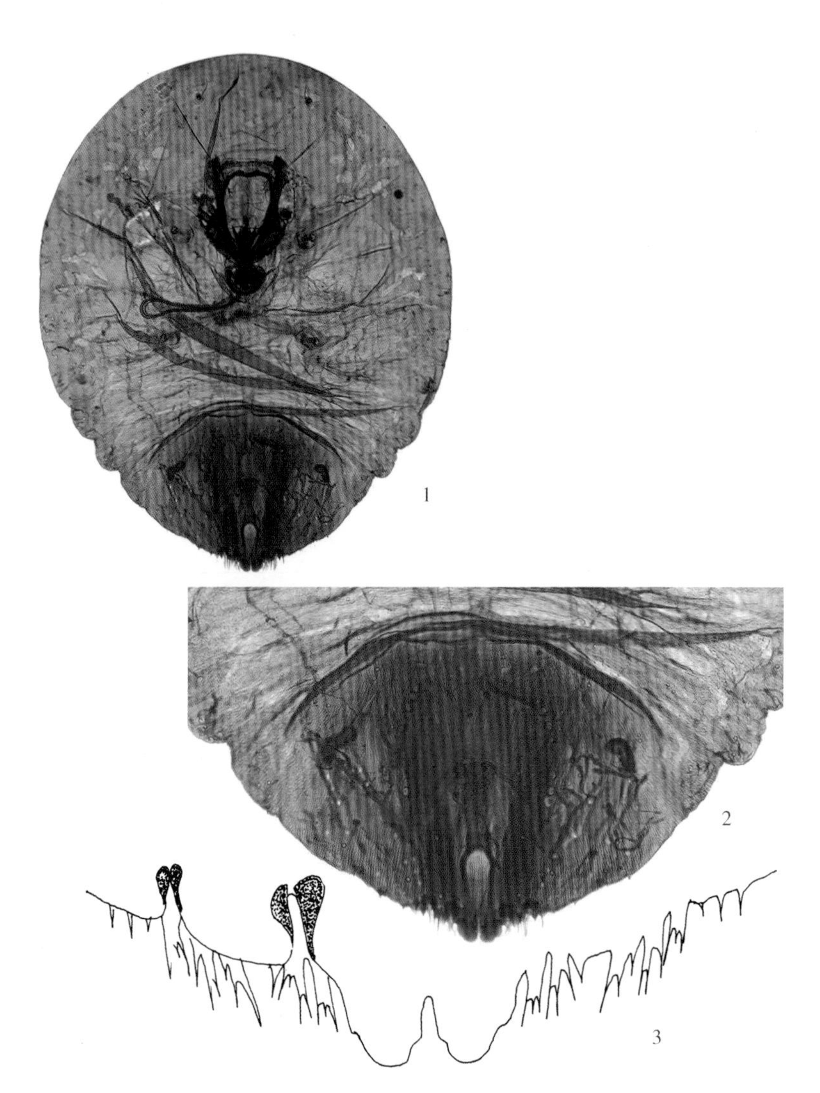

棕榈栉圆盾蚧 *Hemiberlesia lataniae* (Signoret, 1869)(♀)

1. 成虫体 2. 臀板 3. 臀板末端

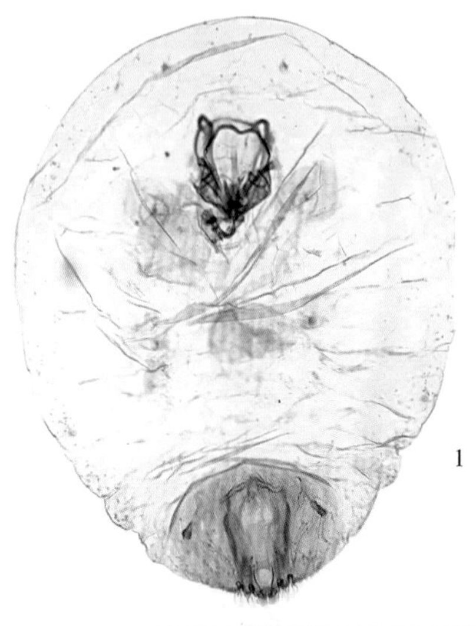

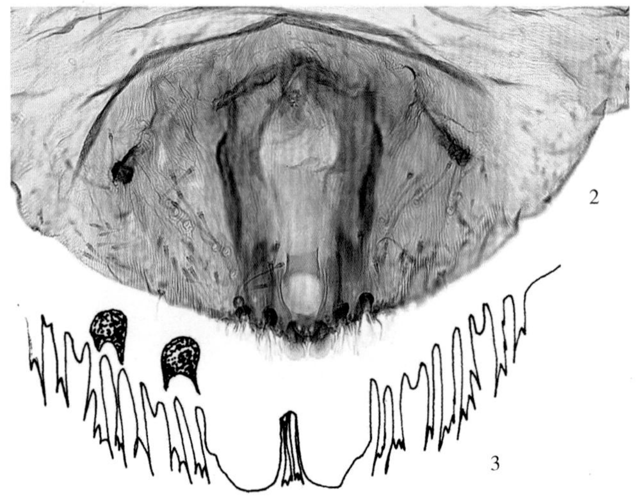

桂花栉圆盾蚧 *Hemiberlesia rapax* (Comstock, 1896) (♀)

1. 成虫体 2. 臀板 3. 臀板末端

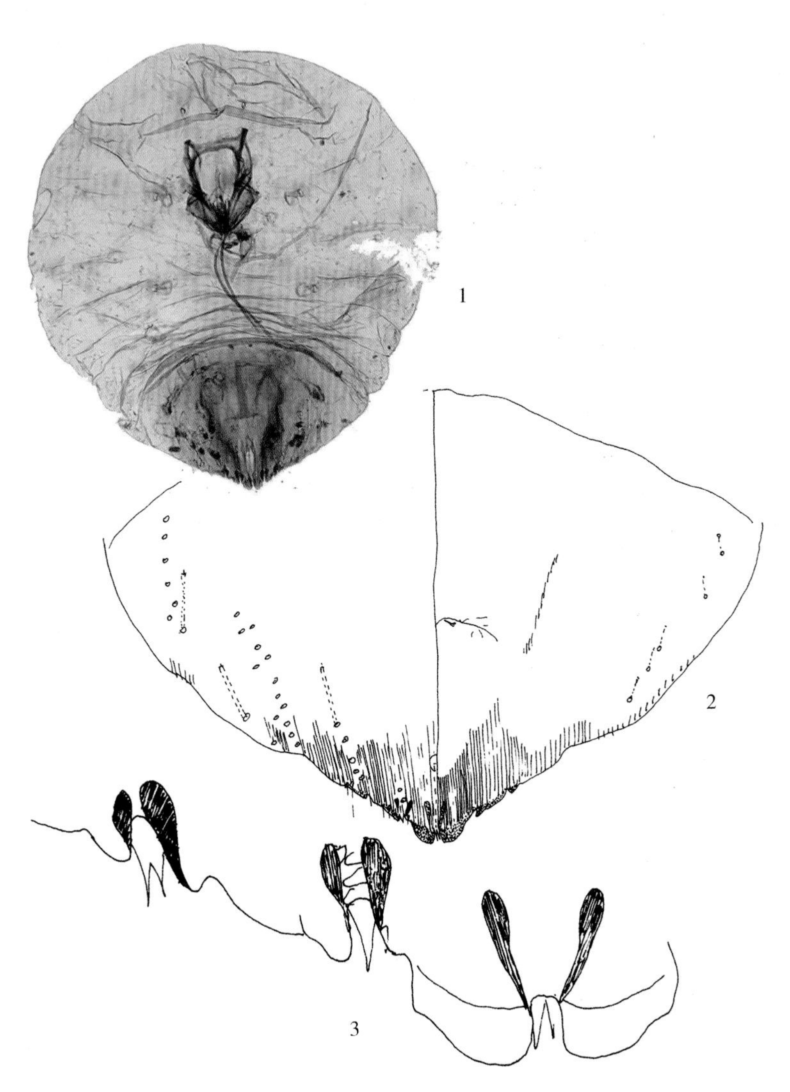

沙枣灰圆盾蚧 *Diaspidiotus elaeagni*（Borchsenius，1939）（♀）

1. 成虫体　2. 臀板　3. 臀板末端

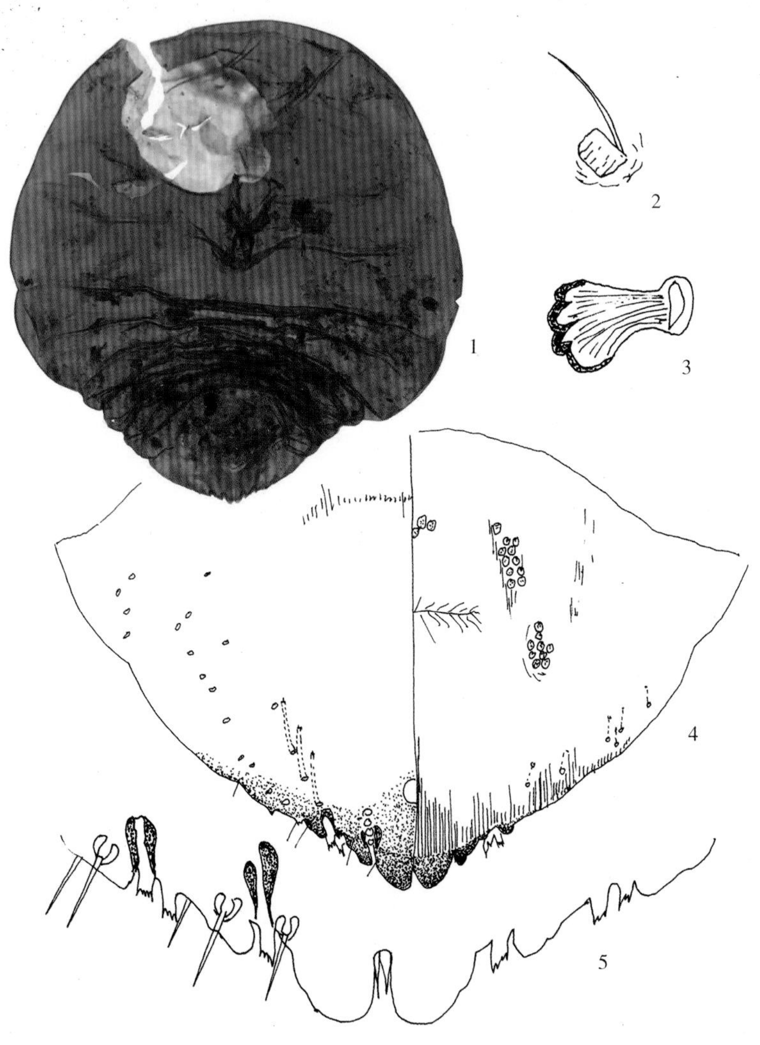

桦灰圆盾蚧 *Diaspidiotus ostreaeformis* (Curtis, 1843) (♀)

1. 成虫体　2. 触角　3. 气门　4. 臀板　5. 臀板末端

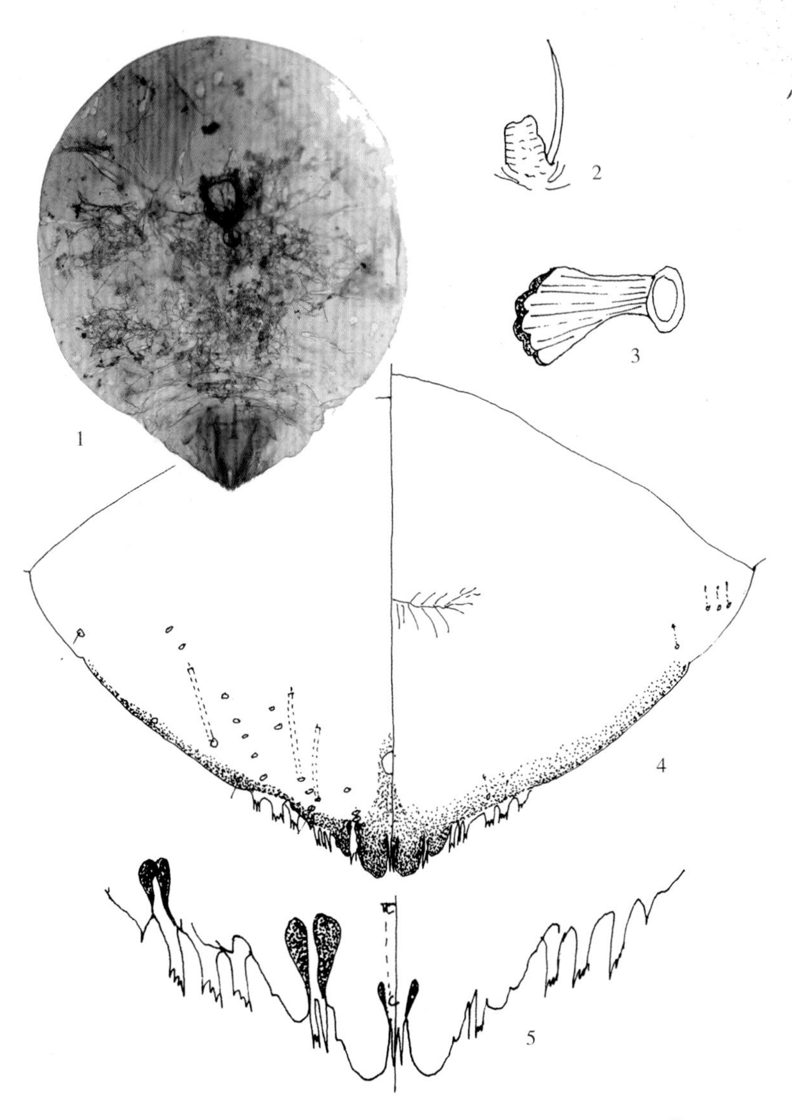

梨灰圆盾蚧 *Diaspidiotus perniciosus* (Comstock, 1881)(♀)
1. 成虫体　2. 触角　3. 气门　4. 臀板　5. 臀板末端

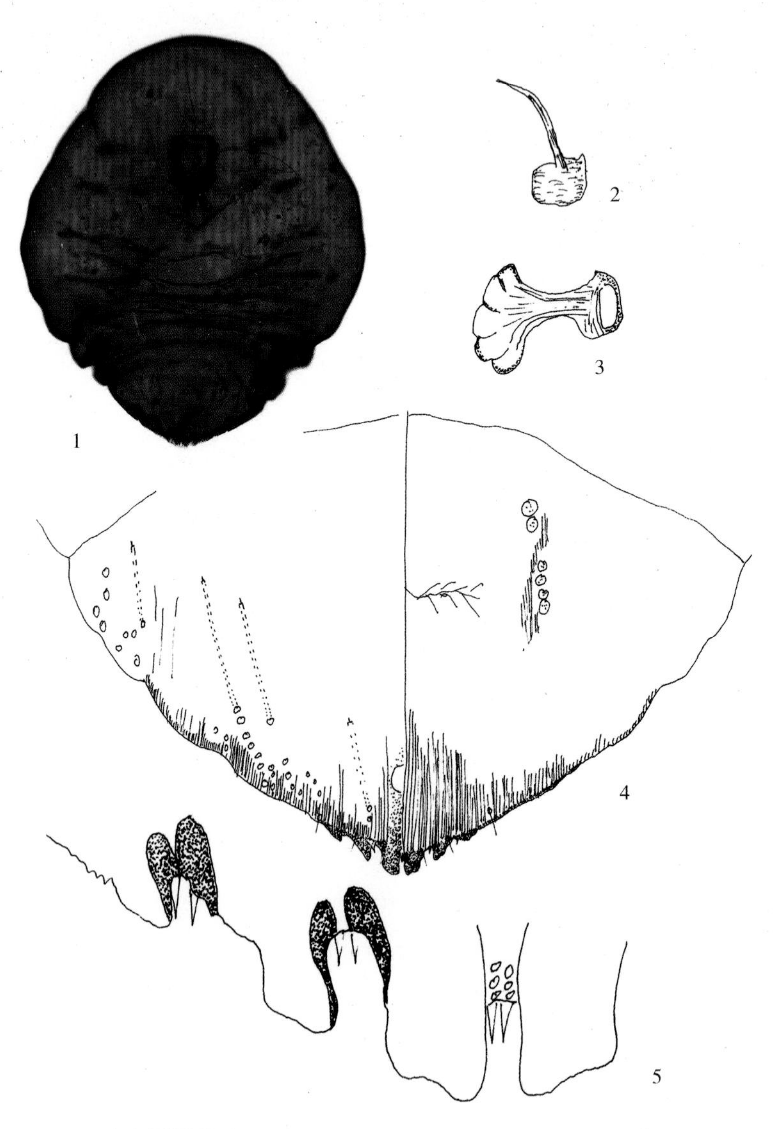

突灰圆盾蚧 *Diaspidiotus slavonicus* (Green, 1934) (♀)

1. 成虫体　2. 触角　3. 气门　4. 臀板　5. 臀板末端